明喻政輯 萬曆四十一年刊

茶書

1

責任編輯：莊　劍
責任校對：袁　捷
封面設計：墨創文化
責任印製：王　煒

ISBN 978-7-5690-0854-8

9 787569 008548 >

圖書在版編目(CIP)數據

茶書：全2册 / (明) 喻政輯. —影印本. —成都：四川大學出版社，2017.7

ISBN 978-7-5690-0854-8

Ⅰ.①茶…　Ⅱ.①喻…　Ⅲ.①茶文化-中國-古代
Ⅳ.①TS971.21

中國版本圖書館CIP數據核字（2017）第170735號

書名　茶　書

輯　者　(明)喻　政
出　版　四川大學出版社
地　址　成都市一環路南一段24號 (610065)
發　行　四川大學出版社
書　號　ISBN 978-7-5690-0854-8
印　刷　虎彩印藝股份有限公司
成品尺寸　210 mm×285 mm
印　張　60
字　數　172千字
版　次　2017年7月第1版
印　次　2017年7月第1次印刷
定　價　996.00圓(全二册)

◆讀者郵購本書，請與本社發行科聯繫。
電話：(028)85408408/(028)85401670/
(028)85408023　郵政編碼：610065
◆本社圖書如有印裝質量問題，請
寄回出版社調换。
◆網址：http://www.scupress.net

出版説明

現代漢語用『圖書』表示文獻的總稱，這一稱謂可以追溯到古史傳説時代的河圖、洛書。在從古到今的文化史中，圖像始終承擔着重要的文化功能。傳説時代的大禹『鑄鼎象物』，將物怪的形象鑄到鼎上，使『民知神奸』。在《周易》中也有『制器尚象』之説。一般而論，文化生活皆有其對應的物质層面的表现。在中國古代文獻研究活動中，學者也多注意器物、圖像的研究，如《詩》中的草木、鳥獸、《山海經》中的神靈物怪，禮儀中的禮器、行禮方位等，學者多畫爲圖像，與文字互相發明，成爲經學研究中的『圖説』類著述。又宋元以後，庶民文化興起，出版業高度發達，版刻印刷益發普及，在普通文獻中也逐漸出現了圖像資料，其中廣泛地涉及植物、動物、日常的物質生產程序與工具、平民教化等多個方面，其中流傳至今者，是我們瞭解古代文化的重要憑藉，通過這些圖文並茂的文本，讀者可以獲得對古代文化生動而直觀的感知。爲了方便讀者利用，我們將古代文獻中有關圖像、版畫、彩色套印本等文獻輯爲叢刊正式出版。

本編選目兼顧文獻學、古代美術、考古、社會史等多種興趣，範圍廣泛，版本選擇也兼顧古代東亞地區漢文化圈的範圍。圖像在古代社會生活中的一大作用涉及平民教化，即古人所謂的『圖像古昔，以當箴規』，（語出何宴《景福殿賦》）明清以來，民間勸善之書，如《陰騭文》、《閨范》等，皆有圖解，其中所宣揚的古代道德意識中的部份條目固然爲我們所不取，甚至是應該批判的對象，但其中多有精美的版畫，除了作爲古代美術史文獻以外，由此也可考見古代一般平民的倫理意識，實爲社會史研究的重要材料。

本編擬目涉及多種類型的文獻，茲輯爲叢刊，然亦以單種別行為主，只有部份社會史性質的文本，因爲篇卷無多，若獨立成册則面臨裝幀等方面的困難，則取同類文本合爲一册。文獻卷首都新編了目錄以便檢索，但爲了避免與書中内容大量重複，無謂地增加篇幅，有部份新編目錄視原書目錄爲簡略，也有部份文本性質特殊，原書中本無卷次目錄之類，則約舉其要，新擬條目，其擬議未必全然恰當。所有文獻皆影印，版式色澤，一存古韻。

《茶書》總目録

第一册

仁部

義部

禮部

第二册

智部

信部

第一册

仁部

義部

禮部

茶書

一、三

一八

茶書 一

茶經序部

茶書自叙

余既取唐子畏所寫烹茶圖而琅繡之一時寅彥勝流紛有賦詠楮墨爲色飛矣而自念章爲三山長靈源雲英往〻澆燥脾而迴清夢盖與桑苧翁千載神狎也爰與徐興公

廣羅古今之精於譚茶若隸事及之者合十餘種為茶書茶之表章無稍挂而棄學之經則仍經之諸翊而綴者亦猶內典金剛之有論與頌耳方付殺青而客有過余者曰茶之尚于世誠鉅而子獨津津為若

嵇鍛阮屐杜之傳而王之馬也此猶第
癖耳至剔幽攬隱爲茗苑中一大
摠持無乃煩乎余無以難客已而
曰頻箕潔蹈歠響猶厭其聲洙泗
真樂水飲偏歸於適明有待之未
寘而無礙之合漠也夫啜茗之於飲

水煩矣品茗之於去歟洗煩矣余則何辭抑余於嵇阮諸君子竊有疇爲蓋彼之趣藉物以怡而余之腸得此而滌固非勞吾生爲所嗜役津津而不止者也然則飲食亦在外歟子其勿以四人者方幅我雖然水而

茗之若而筆之庶幾夫能知味者乎屋山復起未必不以為知言而若居隱溪刻之㩧姑舍是客又雜余善易者不論易吾猶以竟陵之舌為饒也刻逸少之毫誠懸不能用廷珪之墨子昂不能研而規規於之器

之法之儇之人詎直記柱而彈疏越且
也曰亦不足矣余囅然曰幸哉容之
有以振我也顧使我以清課而落吾
事則不敢使我以俗韻而鑯是編則
不毋夫襄陽之於石也至廢案牘且
衣冠而旦夕拜彼誠興味曠寥風流

映帶然徹獨巖密者所弗善即踈
懶如余亦不願效之也若茶寧塊石
埒而余又未至為顛米之癡有所以
處此矣唐史稱韋翁在郡時恒掃
地焚香默坐竟日故其詩沖閒玄穆
逈出塵表卒不聞以廢事為病

也是時竟陵經嘗已著令聲得讀
之嘗必不以李御史禮待陸先生
且恐水遞接于惠山雲芽童千虎
丘茸余詩格謝此公而茗緣似勝
之客淂無謂福州使君湯驕穉
蘇州刺史哉客乃大噱余呼童子

斞龍腰泉煮鼓山茶如法進之客

更爽然起謝謂沐浴茲編恨晚也

客退聊次問答語為茶書叙云

萬曆癸丑涂月弍生明鼓山主人

洪州喻政譔

茶書序

夫世競市朝則煙霞者賞矣人駝粱肉則藜藿者貴矣飲食者君子之所不道也麴蘖澆心淳毋爽口古之作者猶或譜之矧於茶其色香風味既迥出塵俗

張祐

之表而消壅釋滯解煩滌燥之
功特与芸术頡頏故自桑苧翁
作經以來高人墨客轉相紹述
互有拓充至於今日十有七種
其於栽培製造之法煎烹取舍
之宜亦既搜括無遺矣蓋嘗論

之三代之上民炊藜而羹藿七十食肉口腹之欲未侈故茶之功用隱而弗章然昔風之婦已譌之矣誰謂荼苦其甘如薺而堇荼如飴周原所以紀膴也近世鼎食之家效尤淫靡庖宰之

手窮極滋味一切截炙之琮奇皆伐腸裂胃之斧斤若非雲鈎露芽之液沃其炎熾而滋其清滌疾癘矣札纏之相望矣故茶之晦於古著於今非好事也勢使然也吾郡侯喻正之先生自

极大宋大暢玄風得唐子畏烹茶卷動以自隨入閩暮月既已勒之石矣復命徐興公裒鴻漸以下茶經水品諸編合而訂之命曰茶書間以示余余歎謂使君一舉而得三善焉存古決疑

則嵇含狀草木陸機疏蟲魚之
旨也齊民殖圃則葛顗記種植
贊寧譜竹筍之意也遠謝世氛
清供自適則陳思譜海棠范成
大品梅花之致也昔蔡端明先
生治吾郡風流文采千古罕儷

而於茶尤惓惓焉至製龍團以進天子言者以為遺恨不知高賢之用意固深且遠也九重乙夜前後左右惟是醍醐膏薌誰復以清遠之味相加遺者且也不猶愈於曲江之獻荔支賦乎

正之治行高操絶出倫表所好
與端明合而是書之傳世不勞
民不媚上又高視古人一等矣
正之咲謂余吾与蔡皆水曹也
夫惟知水者然後可與辨茶請
與子共之余謝不敏遂次其語

以付梓人

萬曆壬子元旦晉安謝肇淛書

于積芳亭

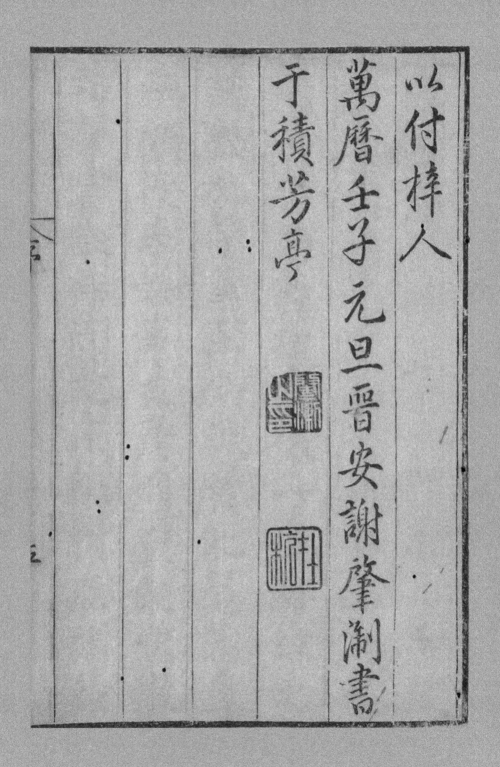

茶書序

余向讀陸鴻漸茶經而少之以爲
處士出而茗功章徹一洗酪奴之
誚聲施榮華至今誠扵此道爲鼻
祖顧後來好事之彥羽翼鼓吹散
在羣書往往而是而編緝無聞統

刘俊

紀未一使人憯辟金而筍片玉大
觀之謂何夫千金之裘非一狐之
腋然不索胡獲不庀胡緻我實未
嘗謀諸野而徒詫孟嘗之倖得于
秦宮者以爲獨貴非裘難也所以
成裘者則難矣喻正之不甚嗜茶

而濳遠清眞雅合茶理方其在雷
京爲司馬曹郎握庫筦鑰盡以其
例羨付之殺青所刋正諸史志辨
魯魚訂亥豕列在學宫彼都人士
直將尸而祝之令来福州復取古
人談茶十七種合爲茶書正之雖

刘俊

非茶僻抑誠書淺矣其書以茶經爲宗譬則泰山之丈人峰乎餘若祖徠日觀之屬羅列不啻兒孫脉絡常貫而峭菁各成洋洋乎美哉暢韻士之幽懷作詞場之佳話功不在陸處士之下更何待言乃余

不佞則充有私賴爲余素喜茶初
意入閩嗽剔當俱屬佳品而事大
謬不然所市皆辛澀穢惡想嘗草
之帝遇七十二毒必居一於此彼
一時也畏濕薪之東遂無敢詰責
買者二三兄弟偶致斜封極稱無

害又自思不受魚始餒常淂魚亦惟是不啓視而璧之以成吾志早晚啜熟水數合饔飧則恃粥而行久之良便無所事彼建州之後過友人署中娓娓羅岕烹點之法余謂空言不如實事姑取試之其僮

以武夷應客余亦亟賞其清香不知有異蓋踈絶既久故易喜易駭如此乃今閱正之之書幽絶沉快芳液輒溢無煮陽羨歎中泠之迹而收其功益僾無所事彼其利賴一余不佞棲遲一官五年不調留

滯約結之慨豈繄異人徼天之幸
日侍臣之左右覺名利之心都盡
遑而披其所纂集若此書之言言
玄箸無論其凡即如不羨朝拜省
不羨夕入臺之二語謂非吾人之
清涼散不可也其利賴二扵是正

之嬲余以爲子之言誠辯但津津
感余不置竊恐編緝統紀之譽皆
一人之臆戴非實錄也余亦還對
使君謂感誠有之亦未肯忘覩昔
人云書值會心讀都易盡請使君
再廣爲摎故事太守與丞倅李官

名爲僚而實無敢以雁行進常會一茶而退鄭重不出聲即不然亦聊啓口而嘗之又不然湯造端而駢之而使君質任自然心無適莫合刻茶書以發舒其澹遠清眞之意遂使不受世網如余者淂以閱

見微指作寡曠之談破矜莊之色
無亦非所宜乎請使君自今引於
繩使君欣然而唉曰有是哉廣搜
之請敢不子從何謂引繩不敢聞
命我與二三子游於形骸之外而
子索我於形骸之內子其猶有蓬

之心也夫余而後知使君之澹遠
清眞雅合茶理不虛也
壬子孟春西陵周之夫書于玅香
齋中

茶書目錄

仁部

義部

禮部

智部

目錄終

茶經序

宋陳師道撰

陸羽茶經家傳一卷畢氏王氏書三卷張氏書四卷內外書十有一卷其文繁簡不同王畢氏書繁雜意其舊文張氏書簡明與家書合而多脫誤家書近古可考正曰七之事其下文乃合三書以成之錄爲二篇藏於家夫茶之著書自羽始其用於世亦自羽始羽誠有功於茶者也上自宮省下迨邑里外及戎夷蠻狄賓祀燕享

預陳於前山澤以成市商賈以起家又有功於人者也可謂智矣經曰茶之否臧存之口訣則書之所載猶其粗也夫茶之爲藝下矣至其精微書有不盡况天下之至理而欲求之文字紙墨之間其有得乎昔者先王因人而敎同欲而治凡有益於人者皆不廢也世人之說曰先王詩書道德而已此乃世外執方之論枯槁自守之行不可羣天下而居也史稱羽持具飲李季卿季卿不爲賓主又著論以毀之夫藝者君子

有之德成而後及所以同於民也不務本而趨末故業成而下也學者謹之

茶經序

先通奉公論吾沔人物首陸鴻漸盖有味乎茶經也夫茗久服令人有力悅志見神農食經而曇濟道人與王子尚設茗八公山中以為甘露是茶用于古羽神而明之耳人莫不飲食也鮮能知味也稷樹秇五穀而天下知食羽辨水煮茶而天下知飲羽之功不在稷下雖與稷並祀可也及讀自傳清風隱隱起四坐所著君臣契等書不行于世豈自悲遇不禹稷若哉竊謂禹

稷陸羽易地則皆然笞之刻茶經作郡志者豈未見茲篇耶今刻于經首次六羨歌則羽之品流槩見矣玉山程孟孺善書法書茶經刻焉王孫貞吉繪茶具校之者余與郭次甫結夏金山寺飲中泠第一泉

明萬曆戊子夏日郡後學陳文燭玉叔撰

陸羽自傳

陸子名羽字鴻漸不知何許人有仲宣孟陽之貌陋相如子雲之口吃而爲人才辯篤信褊躁多自用意朋友規諫豁然不惑凡與人宴處意有所適不言而去人或疑之謂生爲瞋及與人爲信雖氷雪千里虎狼當道而必行也上元初結廬于苕溪之濱閉關對書不雜非類名僧高士談讌永日常扁舟往山寺隨身惟紗巾藤鞋裋褐犢鼻往往獨行野中誦佛經吟古詩杖擊

林木手美流水夷猶徘徊自曙達暮至日黑興
盡號泣而歸故楚人相謂陸子盖今之接輿也
始其家惸露育乎竟陵大師積公之禪院自幼
學屬文積公示以佛書出世之業子荅曰終鮮
兄弟無復後嗣染衣削髮號爲釋氏使者聞之
得稱爲孝乎自將援孔聖之文可乎公曰善哉
子爲孝殊不知西方之道其名大矣公執釋典
不屈子執儒典不屈公用矯憐無變歷試賤務
掃寺地絜僧廁踐泥汚墻負瓦施屋牧牛一百

二十蹄竟陵西湖無紙學書以竹畫牛背爲字他日問字於學者得張衡南都賦不識其字但於牧所倣青衿小兒危坐展卷口動而已公知之恐漸漬外典去道日曠又求于寺中令其剪榛莽以門入之然或慧記文字憒然若有所遺灰心木立過日不作主者以爲慵惰鞭之因嘆歲月往矣恐不知其書嗚呼不自勝主者以爲蓄怒又鞭其背折其楚乃釋因倦所役捨主者而去卷衣詣伶當者諠談三氏以身爲伶正美

木人假吏藏珠之戲公追之曰念爾道喪惜哉
吾本師有言我弟子十二時中許一時外學令
降伏外道也以我門人衆多今從爾所欲可緝
學工書天寶中郢人酺於滄浪道邑吏召子爲
伶正之師時河南尹李公齊物出守見異捉手
拊背親授詩集於是漢沔之俗亦異焉後負書
於火門山鄒夫子墅屬禮部郎中崔公國輔出
守竟陵因與之遊處凡三年贈白馬驢犎一頭
文槐書函一枚云白驢犎襄陽太守李憕見遺

文槐函故盧黃門侍郎所與此物皆已之所惜
也宜野人乘畜故特以相贈洎至德初秦人過
江予亦過江與吳興釋皎然爲緇素忘年之交
少好屬文多所諷諭見人爲善若已有之不善
若已羞之苦言逆耳無所迴避由是俗多之自
祿山亂中原爲四悲詩劉展竊江淮作天之未
明賦皆見感激當時行哭涕泗著君臣契三卷
源解三十卷江表四姓譜十卷南北人物志十
卷吳興歷官記三卷湖州刺史記一卷茶經三

卷占夢上中下三卷並貯于褐布囊上元辛丑
歲子陽秋二十九日

唐書陸羽傳

宋祁撰

唐陸羽字鴻漸一名疾字季疵復州竟陵人不知所生或言有僧得諸水濱畜之既長以易自筮得蹇之漸曰鴻漸于陸其羽可用爲儀乃以陸爲氏名而字之幼時其師教以旁行書答曰終鮮兄弟而絕後嗣得爲孝乎師怒使執糞除

圬塓以苦之又使牧牛三十刴潛以竹畫牛背
爲字得張衡兩都賦不能讀危坐効羣兒囁嚅
若成誦狀師捫之令薙草莽當其記文字懵懵
若有遺過日不作主者鞭苦因嘆曰歲月往矣
柰何不知書鳴咽不自勝因亡去匿爲優人作
詼諧數千言天寶中州人酺吏署刴伶師太守
李齊物見異之授以書遂廬火門山貌侻陋口
吃而辯聞人善若在巳見有過者規切至忤人
朋友燕處意有所行輙去人疑其多嗔與人期

雨雪虎狼不避也上元初更隱苕溪自稱桑苧翁又號竟陵子東園先生東岡子闔門著書或獨行野中誦詩擊木徘徊不得意或慟哭而歸故時謂今接輿也久之詔拜羽太子文學徙太常寺太祝不就職貞元末卒羽嗜茶著茶經三篇言茶之源之法之具尤備天下益知飲茶矣時鬻茶者至陶羽形置煬突間祀爲茶神有常伯熊者因羽論復廣著茶之功御史大夫李季卿宣慰江南次臨淮知伯熊善煮茶召之伯熊

執器前季卿爲再舉盃至江南又有薦羽者召之羽衣野服挈具而入季卿不爲禮羽愧之更著毀茶論其後尚茶成風時回紇入朝始驅馬市茶

茶經傳

茶經敘

蓋茶之用舊矣筆諸書而尊爲經實自鴻漸始當時鄙其藝者使與傭保雜作不爲具賓主禮而後之中其好者稱引與禹稷並此於鴻漸俱無當特惜其爲好名所使耳枯槁之士往往宿名唯券內者行乎無名得時而駕幷包天地澤及天下而不知其誰氏雕刻衆形而不爲巧非其時則自埋於民自藏於畔生無爵死無謚其聲銷其志無窮其口雖言其心未嘗言人不以

善言爲賢狗不以善吠爲良而名亦何貴之有南伯子綦居山穴之口田禾一覩而齊國之衆三賀之子綦不悅也我必先之彼故知之我必賣之彼故鬻之顏不疑戒於巧狙歸而師董梧以鋤其色色之不有而見於名乎鴻漸混迹於牧豎優伶而不就文學太祝之拜其中固已塵金玉芥軒冕矣獨不能忘名故以其偏嗜觭長自表見於世若痀僂丈人之承蜩也紀渻子之養雞也庖丁之解牛也墨翟之飛鳶也市南宜

僚之弄丸也梓慶之鐻也輪扁之斲輪也昭文之鼓琴師曠之枝策惠子之據梧也泰豆之御伯昏無人之射也偃師之造倡也此其人才氣籠蓋人群揮斥八極而沾沾自喜為小人之事凡以博名高耳鴻漸不勝伎倆磊塊至取其書與六經相提而論將有所執以成名乎微哉鴻漸之所託名也有名則有愛憎有愛憎則有是非有是非則有雌雄片合樹高於林風必摧之季卿之辱固其宜也嗟乎好名之累豈唯辱其

身絕他卞隨申徒狄介子推北人無擇廉焉而死夷齊忠焉而死尾生孝巳信焉而死左伯桃羊角哀友焉而死荆軻聶政俠焉而死齊三士勇焉而死不難以其身殉則何論辱哉彼其離名輕死甘之如飴趨之如蟻慕羶而不知夫至人視之無異於流豕礫犬操瓢而乞者也弃工乎中徼而拙乎使人無巳譽聖人工乎天而拙乎人此無他有名無名幾希之間而巳是故名不可殉亦不可逃皇甫規耻不與黨錮不以

漏籍苟安殉者也異則為杜預好異代名韓康藥不二價耻為女子所知逃者也甚則為張翰不顧有千秋名殉與逃有間矣其心不能忘名一也鴻漸逃於彼而殉於此舍其大而處其小其能免乎名之不免辱則何辭抑太史公曰富貴而能磨滅不可勝數唯俶儻非常之人稱焉鴻漸窮厄終身而千百世後讀其書得其遺蹟寶愛之以為山川邑里重徵名胡以若是故曰三代而下唯恐其不好名孔子作春秋或名以

勸善或名以懲惡衮鉞一時薰蕕千載如鴻漸者高山景行廉頑立懦胡可少也

邑後學李維楨撰

茶經敘終

茶中雜詠序

唐皮日休撰

案周禮酒正之職辨四飲之物其三曰漿又漿人之職供王之六飲水漿醴涼醫酏入于酒府鄭司農云以水和酒也蓋當時人率以酒醴爲飲謂乎六漿酒之醨者也何得姬公製爾雅云檟苦荼即不擷而飲之豈聖人之純於用乎抑草木之濟人取捨有時也自周以降及于國朝茶事竟陵子陸季疵言之詳矣然季疵以前稱

茗飲者必渾以烹之與夫瀹蔬而啜者無異也季疵始為經三卷由是分其源制其具教其造設其器命其煮飲之者除痟而去癘雖疾醫之不若也其為利也於人豈小哉余始得季疵書以為備矣後又獲其顧渚山記二篇其中多茶事後又太原溫從雲武威段碣之各補茶事十數節竝存於方冊茶之事由周至今竟無纖遺矣昔晉杜育有荈賦季疵有茶謌余缺然于懷者謂有其具而不形于詩亦季疵之餘恨也遂

爲十詠寄天隨子

茶中雜詠序終

茶書 二

茶經上中下部

茶錄部

茶經敘

夫茶之爲經要矣行於世膾炙千古迺今見之百川學海集中茲復刻之竟陵者表羽之爲竟陵人也按羽生甚異類令尹子文人謂子文賢而仕羽雖賢卒以不仕又謂楚之生賢大類后稷云今觀茶經三篇其大都曰源曰具曰造曰飲之類則固具體用之學者其曰伊公羹陸氏茶取而比之寔以自況所謂易地皆然者非歟向使羽就文學太祝之召誰謂其事不伊且稷

也而卒以不仕何哉昔人有自謂不堪流俗非薄湯武者羽之意豈亦以是乎厥後茗飲之風行於中外而回紇亦以馬易茶由宋迄今大爲邊助則羽之功固在萬世仕不仕奚足論也或曰酒之用視茶爲要故北山亦有酒經三篇曰酒始諸祀然而妹也已有酒禍惟茶不爲敗故其既也酒經不傳焉羽器業顛末具見於傳其水味品鑒優劣之辨又且見於張歐浮槎等記則並附之

邑人魯彭撰

茶經卷上

唐竟陵陸羽鴻漸撰

一之源

茶者南方之嘉木也一尺二尺廼至數十尺其巴山峽川有兩人合抱者伐而掇之其樹如瓜蘆葉如梔子花如白薔薇實如栟櫚葉如丁香根如胡桃瓜蘆木出廣州似茶至苦澀栟櫚蒲葵之屬其子似茶胡桃與茶根皆下孕兆至瓦礫苗木上抽其字或從草或從木或從草木并從草當作茶其字出開元文字者義從木當作搽其字出本草草木并作茶其字出爾雅其名

一曰茶二曰檟三曰蔎四曰茗五曰荈周公云檟苦荼揚執戟云蜀西南人謂茶曰蔎郭弘農云早取爲茶晚取爲茗或一曰荈耳其地上者生爛石中者生櫟壤櫟字當從石爲礫下者生黃土凡藝而不實植而罕茂法如種瓜三歲可採野者上園者次陽崖陰林紫者上綠者次筍者上牙者次葉卷上葉舒次陰山坡谷者不堪採掇性凝滯結瘕疾茶之爲用味至寒爲飲最宜精行儉德之人若熱渴凝悶腦疼目澀四肢煩百節不舒聊四五啜與醍醐甘露抗衡也採不時

造不精雜以草莽飲之成疾茶爲累也亦猶人參上者生上黨中者生百濟新羅下者生高麗有生澤州易州幽州檀州者爲藥無効況非此者設服薺苨使六疾不瘳知人參爲累則茶累盡矣

二之具

籯（加追反）一曰籃一曰籠一曰筥以竹織之受五升或一㪷二㪷三㪷者茶人負以採茶也（籯漢書音盈所謂黃金滿籯不如一經顏師古云籯竹器也容四升耳）

竈無用突者釜用脣口者

甑或木或瓦匪腰而泥籃以箄之篾以系之始其蒸也入乎箄既其熟也出乎箄釜涸注於甑中（甑不帶而泥之）又以穀木枝三亞者制之（亞字當作椏木椏枝也）散所蒸牙笋并葉畏流其膏

杵臼一曰碓惟恆用者佳

規一曰模一曰棬以鐵制之或圓或方或花

承一曰臺一曰砧以石為之不然以槐桑木半埋地中遺無所搖動

襜一曰衣以油絹或雨衫單服敗者爲之以襜置承上又以規置襜上以造茶也茶成舉而易之

芘莉音把離一曰羸子一曰篣筤篣音崩筤音郎篣筤籃籠也以二小竹長三尺軀二尺五寸柄五寸以篾織方眼如圃人土羅闊二尺以列茶也

棨一曰錐刀柄以堅木爲之用穿茶也

樸一曰鞭以竹爲之穿茶以解茶也

焙鑿地深二尺闊二尺五寸長一丈上作短墻

高二尺泥之

貫削竹爲之長二尺五寸以貫茶焙之

棚一曰棧以木構於焙上編木兩層高一尺以焙茶也茶之半乾昇下棚全乾昇上棚

穿音釧江東淮南剖竹爲之巴川峽山紉穀皮爲之江東以一斤爲上穿半斤爲中穿四兩五兩爲下穿峽中以一百二十斤爲上穿八十斤爲中穿五十斤爲小穿穿字舊作釵釧之釧字或作貫串今則不然如磨扇彈鑽縫五字文以平

聲書之義以去聲呼之其字以穿名之

育以木制之以竹編之以紙糊之中有隔上有覆下有床旁有門掩一扇中置一器貯塘煨火令煴煴然江南梅雨時焚之以火（育者以其藏養爲名）

三之造

凡採茶在二月三月四月之間茶之筍者生爛石沃土長四五寸若薇蕨始抽凌露採焉茶之芽者發於藂薄之上有三枝四枝五枝者選其中枝穎拔者採焉其日有雨不採晴有雲不採

晴採之蒸之擣之拍之焙之穿之封之茶之乾矣茶有千萬狀鹵莽而言如胡人鞾者蹙縮然（京錐文也）犎牛臆者廉襜然（犎音朋野牛也）浮雲出山者輪囷然輕飈拂水者涵澹然有如陶家之子羅膏土以水澄泚之（謂澄泥也）又如新治地者遇暴雨流潦之所經此皆茶之精腴有如竹籜者枝幹堅實艱於蒸擣故其形籭簁（上離下師）然有如霜荷者莖葉凋沮易其狀貌故厥狀委瘁然此皆茶之瘠老者也自採至於封七經目自胡鞾至於霜

荷八等或以光黑平正言嘉者斯鑒之下也以皺黃坳垤言佳者鑒之次也若皆言嘉及皆言不嘉者鑒之上也何者出膏者光含膏者皺宿製者則黑日成者則黃蒸壓則平正縱之則坳垤此茶與草木葉一也茶之否臧存於口訣

茶經卷上終

茶經卷中

唐竟陵陸羽鴻漸撰

四之器

風爐 灰承

風爐以銅鐵鑄之如古鼎形厚三分緣闊九分令六分虛中致其杇墁凡三足古文書二十一字一足云坎上巽下離於中一足云體均五行去百疾一足云聖唐滅胡明年鑄其三足之間設三窓底一窓以爲通飈漏燼之

所上並古文書六字一窗之上書伊公二字一窗之上書羹陸二字一窗之上書氏茶二字所謂伊公羹陸氏茶也置墆埭於其內設三格其一格有翟焉翟者火禽也畫一卦曰離其一格有彪焉彪者風獸也畫一卦曰巽其一格有魚焉魚者水蟲也畫一卦曰坎巽主風離主火坎主水風能興火火能熱水故備其三卦焉其飾以連葩垂蔓曲水方文之類其爐或鍛鐵爲之或運泥爲之其灰承作

三足鐵杵檯之

筥

筥以竹織之高一尺二寸徑濶七寸或用籐作木楦(古箱字)如筥形織之六出圓眼其底蓋若利篋口鑠之

炭檛

炭檛以鐵六稜制之長一尺銳一豐中執細頭系一小鐶以飾檛也若今之河隴軍人木吾也或作鎚或作斧隨其便也

火筴

火筴一名筯若常用者圓直一尺三寸頂平截無葱臺勾鏁之屬以鐵或熟銅製之

鍑音輔或作釜或作鬴

鍑以生鐵爲之今人有業冶者所謂急鐵其鐵以耕刀之趄鍊而鑄之內摸土而外摸沙土滑於內易其摩滌沙澁於外吸其炎焰方其耳以正令也廣其緣以務遠也長其臍以守中也臍長則沸中沸中則末易揚末易揚

則其味淳也洪州以瓷爲之萊州以石爲之

瓷與石皆雅器也性非堅實難可持久用銀爲之至潔但涉於侈麗雅則雅矣潔亦潔矣若用之恒而卒歸於鐵也

交床

交床以十字交之剜中令虛以支鍑也

夾

夾以小青竹爲之長一尺二寸令一寸有節節已上剖之以炙茶也彼竹之篠津潤於火

假其香潔以益茶味恐非林谷間莫之致或
用精鐵熟銅之類取其久也

紙囊

紙囊以剡藤紙白厚者夾縫之以貯所炙茶
使不泄其香也

碾 拂末

碾以橘木爲之次以梨桑桐柘爲之內圓而
外方內圓備於運行也外方制其傾危也內
容墮而外無餘木墮形如車輪不輻而軸焉

長九寸濶一寸七分墮徑三寸中厚一寸邊厚半寸軸中方而執圓其拂末以鳥羽製之

羅合

羅末以合蓋貯之以則置合中用巨竹剖而屈之以紗絹衣之其合以竹節為之或屈杉以漆之高三寸蓋一寸底二寸口徑四寸

則

則以海貝蠣蛤之屬或以銅鐵竹匕策之類

則者量也准也度也凡煮水一升用末方寸匕若好薄者減嗜濃者增故云則也

水方

水方以稠（音胄木名也）木槐楸梓等合之其裏并外縫漆之受一斗

漉水囊

漉水囊若常用者其格以生銅鑄之以備水濕無有苔穢腥澀意以熟銅苔穢鐵腥澀也林棲谷隱者或用之竹木木與竹非持久涉

遠之具故用之生銅其囊織青竹以捲之裁碧縑以縫之細翠鈿以綴之又作綠油囊以貯之圓徑五寸柄一寸五分

瓢

瓢一曰犧杓剖瓠爲之或刊木爲之晉舍人杜毓荈賦云酌之以匏匏瓢也口濶脛薄柄短永嘉中餘姚人虞洪入瀑布山採茗遇一道士云吾丹丘子祈子他日甌犧之餘乞相遺也犧木杓也今常用以梨木爲之

竹夾

竹夾或以桃柳蒲葵木為之或以柿心木為之長一尺銀裹兩頭

鹺簋 揭

鹺簋以瓷為之圓徑四寸若合形（合即合盒字）或瓶或罍貯鹽花也其揭竹制長四寸一分闊九分揭策也

熟盂

熟盂以貯熟水或瓷或沙受二升

盌

盌越州上鼎州次婺州次岳州次壽州洪州次或者以邢州處越州上殊為不然若邢瓷類銀越瓷類玉邢不如越一也若邢瓷類雪則越瓷類冰邢不如越二也邢瓷白而茶色丹越瓷青而茶色綠邢不如越三也晉杜毓荈賦所謂器擇陶揀出自東甌甌越也甌越州上口唇不卷底卷而淺受半斤以下越州瓷岳瓷皆青青則益茶茶作白紅之色邢州

瓷白茶色紅壽州瓷黃茶色紫洪州瓷褐茶色黑悉不宜茶

畚

畚以白蒲捲而編之可貯盌十枚或用筥其紙帊以剡紙夾縫令方亦十之也

札

札緝栟櫚皮以茱萸木夾而縛之或截竹束而管之若巨筆形

滌方

滌方以貯滌洗之餘用楸木合之制如水方

受八升

滓方

滓方以集諸滓制如滌方處五升

巾

巾以絁布爲之長二尺作二枚互用之以潔

諸器

具列

具列或作床或作架或純木純竹而製之或

木或竹黃黑可扃而漆者長三尺濶二尺高六寸具列者悉斂諸器物悉以陳列也

都籃

都籃以悉設諸器而名之以竹篾內作三角方眼外以雙篾濶者經之以單篾纖者縛之遞壓雙經作方眼使玲瓏高一尺五寸底濶一尺高二寸長二尺四寸濶二尺

茶經卷中終

茶經卷下

唐竟陵陸羽鴻漸撰

五之煮

凡炙茶慎勿於風燼間炙熛焰如鑽使炎凉不均持以逼火屢其飜正候炮音教反出培塿狀蝦蟆背然後去火五寸卷而舒則本其始又炙之若火乾者以氣熟止日乾者以柔止其始若茶之至嫩者蒸罷熱搗葉爛而牙筍存焉假以力者持千鈞杵亦不之爛如漆科珠壯士接之不

能駐其指及就則似無穰骨也炙之則其節若
倪倪如嬰兒之臂耳既而承熱用紙囊貯之精
華之氣無所散越候寒末之（末之上者其屑如細米末之下者其
屑如菱角）其火用炭次用勁薪（謂桑槐桐櫪之類也）其炭曾經
燔炙為膻膩所及及膏木敗器不用之（膏木謂柏桂檜
也敗器謂朽廢器也）古人有勞薪之味信哉其水用山水
上江水中井水下（荈賦所謂水則岷方之注揖彼清流）其山水揀
乳泉石池慢流者上其瀑湧湍漱勿食之久食
令人有頸疾又多別流於山谷者澄浸不洩自

火天至霜郊以前或潛龍蓄毒於其間飲者可決之以流其惡使新泉涓涓然酌之其江水取去人遠者井取汲多者其沸如魚目微有聲為一沸緣邊如湧泉連珠為二沸騰波鼓浪為三沸已上水老不可食也初沸則水合量調之以鹽味謂棄其啜餘（啜嘗也市稅反又市悅反）無迺䶣䶢而鍾其一味乎（䶣古暫反䶢吐濫反無味也）第二沸出水一瓢以竹筴環激湯心則量末當中心而下有頃勢若奔濤濺沫以所出水止之而育其華也凡酌置

諸盌令沫餑均字書幷本草餑均茗沫也蒲笏反沫餑湯之華也華之薄者曰沫厚者曰餑細輕者曰花如棗花漂漂然於環池之上又如迴潭曲渚青萍之始生又如晴天爽朗有浮雲鱗然其沫者若綠錢浮於水渭又如菊英墮於鐏俎之中餑者以滓煮之及沸則重華累沫皤皤然若積雪耳荈賦所謂煥如積雪燁若春藪有之第一煮水沸而棄其沫之上有水膜如黑雲母飲之則其味不正其第一者為雋永徐縣全縣二反至美者曰雋永雋味也永長也

史長曰雋永漢書蒯通著雋永二十篇也或留熟以貯之以備育華救沸之用諸第一與第二第三盌次之第四第五盌外非渴甚莫之飲凡煮水一升酌分五盌盌數少至三多至五若人多至十加兩爐乘熱連飲之以重濁凝其下精英浮其上如冷則精英隨氣而竭飲啜不消亦然矣茶性儉不宜廣則其味黯澹且如一滿盌啜半而味寡况其廣乎其色緗也其馨𡃤也香至美曰𡃤𡃤音備其味甘檟也不甘而苦荈也啜苦咽甘茶也一本云其味苦而不甘檟也甘而不苦荈也

六之飲

翼而飛毛而走呿而言此三者俱生於天地間
飲啄以活飲之時義遠矣哉至若救渴飲之以
漿蠲憂忿飲之以酒蕩昏寐飲之以茶茶之為
飲發乎神農氏聞於魯周公齊有晏嬰漢有楊
雄司馬相如吳有韋曜晉有劉琨張載遠祖納
謝安左思之徒皆飲焉滂時浸俗盛於國朝兩
都并荊俞（俞當作渝巴渝也）間以為比屋之飲飲有觕
茶散茶末茶餅茶者乃斫乃熬乃煬乃舂貯於

䍂缶之中以湯沃焉謂之痷茶或用葱薑棗橘
皮茱萸薄荷之等煑之百沸或揚令滑或煑去
沫斯溝渠間棄水耳而習俗不已於戲天育萬
物皆有至妙人之所工但獵淺易所庇者屋屋
精極所著者衣衣精極所飽者飲食食與酒皆
精極之茶有九難一曰造二曰別三曰器四曰
火五曰水六曰炙七曰末八曰煑九曰飲陰採
夜焙非造也嚼味嗅香非別也羶鼎腥甌非器
也膏薪庖炭非火也飛湍壅潦非水也外熟內

生非炙也碧粉縹塵非末也操艱攪遽非煮也夏興冬廢非飲也夫珍鮮馥烈者其盌數三次之者盌數五若坐客數至五行三盌至七行五盌若六人已下不約盌數但闕一人而已其雋永補所闕人

七之事

三皇炎帝神農氏

周魯周公旦

齊相晏嬰

漢僊人丹丘子黃山君司馬文園令相如楊執戟雄吳歸命侯韋太傅弘嗣晉惠帝劉司空琨琨兄子兗州刺史演張黃門孟陽傅司隸咸江洗馬統統孫參軍楚左記室太沖陸吳興納納兄子會稽內史俶謝冠軍安石郭弘農璞桓揚州溫杜舍人毓武康小山寺釋法瑤沛國夏侯愷餘姚虞洪北地傅巽丹陽弘君舉安任育長（育長任瞻字元本遺長字今增之）宣城秦精燉煌單道開剡縣陳務妻廣陵老姥河內山謙之

後魏瑯琊王肅
宋新安王子鸞鸞弟豫章王子尚鮑昭妹令暉
八公山沙門譚濟
齊世祖武帝
梁劉廷尉陶先生弘景
皇朝徐英公勣
神農食經茶茗久服人有力悅志
周公爾雅檟苦荼廣雅云荊巴間採葉作餅葉
老者餅成以米膏出之欲煮茗飲先炙令赤色

擣末置瓷器中以湯澆覆之用葱薑橘子芼之其飲醒酒令人不眠

晏子春秋嬰相齊景公時食脫粟之飯炙三弋五卵茗菜而已

司馬相如凡將篇烏喙桔梗芫華款冬貝母木蘗蔞芩草芍藥桂漏蘆蜚廉雚菌荈詫白斂白芷菖蒲芒硝莞椒茱萸

揚雄方言蜀西南人謂茶曰蔎

吳志韋曜傳孫皓每饗宴坐席無不率以七勝

爲限雖不盡入口皆澆灌取盡曜飲酒不過二
升晧初禮異密賜茶荈以代酒
晉中興書陸納爲吳興太守時衛將軍謝安常
欲詣納（晉書以納爲吏部尚書）納兄子俶怪納無所備不
敢問之乃私蓄數十人饌安既至所設唯茶果
而已俶遂陳盛饌珍羞必具及安去納杖俶四
十云汝既不能光益叔父柰何穢吾素業
晉書桓溫爲揚州牧性儉每讌飲惟下七奠柈
茶果而已

搜神記夏侯愷因疾死宗人字苟奴察見鬼神見愷來收馬并病其妻著平上幘單衣入坐生時西壁大床就人覓茶飲

劉琨與兄子南兗州刺史演書云前得安州乾薑一斤桂一斤黃花一斤皆所須也吾體中潰悶常仰真茶汝可置之潰當作憒

傅咸司隸教曰聞南方有以困蜀嫗作茶粥賣為廉事打破其器具 又賣餅於市而禁茶粥以蜀姥何哉

神異記餘姚人虞洪入山採茗遇一道士牽三
青牛引洪至瀑布山曰予丹丘子也聞子善具
飲常思見惠山中有大茗可以相給祈子他日
有甌犧之餘乞相遺也因立奠祀後常令家人
入山獲大茗焉

左思嬌女詩吾家有嬌女皎皎可白晳小字爲
紈素口齒自清歷有姊字惠芳眉目燦如畫馳
騖翔園林果下皆生摘貪華風雨中倏忽數百
適心爲茶荈劇吹噓對鼎䥶

張孟陽登成都樓詩云借問楊子舍想見長卿
廬程卓累千金驕侈擬五侯門有連騎客翠帶
腰吳鉤鼎食隨時進百和妙且殊披林採秋橘
臨江釣春魚黑子過龍醢果饌踰蟹蝑芳茶冠
六情溢味播九區人生苟安樂茲土聊可娛
傅巽七誨蒲桃宛柰齊柹燕栗峘陽黃梨巫山
朱橘南中茶子西極石蜜
弘君舉食檄寒溫既畢應下霜華之茗三爵而
終應下諸蔗木瓜元李楊梅五味橄欖懸豹葵

羹各一杯孫楚歌茱萸出芳樹顛鯉魚出洛水
泉白鹽出河東美豉出魯淵薑桂茶荈出巴蜀
椒橘木蘭出高山蓼蘇出溝渠精稗出中田
華佗食論苦茶久食益意思
壺居士食忌苦茶久食羽化與韭同食令人體
重
郭璞爾雅注云樹小似枝子冬生葉可煮羹飲
今呼早取爲茶晚取爲茗或一曰荈蜀人名之
苦茶

世說任瞻字育長少時有令名自過江失志既下飲問人云此爲茶爲茗覺人有怪色乃自申明云向問飲爲熱爲冷耳（下飲調設茶也）

續搜神記晉武帝宣城人秦精常入武昌山採茗遇一毛人長丈餘引精至山下示以叢茗而去俄而復還乃探懷中橘以遺精精怖負茗而歸

晉四王起事惠帝蒙塵還洛陽黃門以瓦盂盛茶上至尊

異苑剡縣陳務妻少與二子寡居好飲茶茗以宅中有古塚每飲輒先祀之二子患之曰古塚何知徒以勞意欲掘去之母苦禁而止其夜夢一人云吾止此塚三百餘年卿二子恒欲見毀賴相保護又享吾佳茗雖潛壤朽骨豈忘翳桑之報及曉於庭中獲錢十萬似久埋者但貫新耳母告二子慙之從是禱饋愈甚

廣陵耆老傳晉元帝時有老姥每旦獨提一器茗往市鬻之市人競買自旦至夕其器不減所

得錢散路傍孤貧乞人人或異之州法曹縶之
獄中至夜老姥執所鬻茗器從獄牖中飛出
藝術傳敦煌人單道開不畏寒暑常服小石子
所服藥有松桂蜜之氣所餘茶蘇而已
釋道該說續名僧傳宋釋法瑤姓楊氏河東人
永嘉中過江遇沈臺真君武康小山寺年垂懸
車懸車喻日入之候指人垂老時也淮南子曰日至悲泉爰息其馬亦此意飯所飲
茶永明中勑吳興禮致上京年七十九
宋江氏家傳江統字應遷愍懷太子洗馬常上

疏諫云今西園賣醯麪藍子菜茶之屬虧敗國
體

宋錄新安王子鸞豫章王子尚詣曇濟道人於
八公山道人設茶茗子尚味之曰此甘露也何
言茶茗

王微雜詩寂寂掩空閣寥寥空廣廈待君竟不
歸收領今就檟

鮑昭妹令暉著香茗賦

南齊世祖武皇帝遺詔我靈座上慎勿以牲爲

祭但設餅果茶飲乾飯酒脯而已

梁劉孝綽謝晉安王餉米等啓傳詔李孟孫宣教旨垂賜米酒瓜筍菹脯酢茗八種氣苾新城味芳雲松江潭抽節邁昌荇之珍壃埸擢翹越葺精之美羞非純束野麏裛似雪之驢鮓異陶瓶河鯉操如瓊之粲茗同食粲酢類望柑免千里宿舂省三月種聚小人懷惠大懿難忘

陶弘景雜錄苦茶輕換膏昔丹丘子黃山君服之

後魏錄瑯琊王肅仕南朝好茗飲蓴羹及還北地又好羊肉酪漿人或問之茗何如酪肅曰茗不堪與酪爲奴

桐君錄西陽武昌廬江晋陵好茗皆東人作清茗茗有餑飲之宜人凡可飲之物皆多取其葉天門冬拔揳取根皆益人又巴東別有眞茗茶煎飲令人不眠俗中多煮檀葉幷大皁李作茶並冷又南方有瓜蘆木亦似茗至苦澁取爲屑茶飲亦可通夜不眠煮鹽人但資此飲而交廣

最重客來先設乃加以香芼輩

坤元錄辰州溆浦縣西北三百五十里無射山云蠻俗當吉慶之時親族集會歌舞於山上山多茶樹

括地圖臨遂縣東一百四十里有茶溪

山謙之吳興記烏程縣西二十里有溫山出御荈

夷陵圖經黃牛荊門女觀望州等山茶茗出焉

永嘉圖經永嘉縣東三百里有白茶山

淮陰圖經山陽縣南二十里有茶坡

茶陵圖經云茶陵者所謂陵谷生茶茗焉本草木部茗苦茶味甘苦微寒無毒主瘻瘡利小便去痰渴熱令人少睡秋採之苦主下氣消食注云春採之

本草菜部苦茶一名荼一名選一名游冬生益州川谷山陵道傍凌冬不死三月三日採乾注云疑此即是今茶一名茶令人不眠本草注按詩云誰謂荼苦又云堇荼如飴皆苦菜也陶謂

之苦荼木類非菜流茗春採謂之苦搽（途遐反）
枕中方療積年瘻苦茶蜈蚣並炙令香熟等分
搗篩煮甘草湯洗以末傅之
孺子方療小兒無故驚蹶以苦茶葱鬚煮服之

八之出

山南以峽州上（峽州生遠安宜都夷陵三縣山谷）襄州荊州次（襄州生南鄣縣山谷荊州生江陵縣山谷）衡州下（生衡山茶陵二縣山谷）金州梁州又下（金州生西城安康二縣山谷梁州生褒城金牛二縣山谷）

淮南以光州上（生光山縣黃頭港者與峽州同）義陽郡舒州次

生義陽縣鍾山者與襄州同舒州生太湖縣潛山者與荊州同**壽州下**生盛唐縣霍山者與衡山同**蘄州黃州又下**蘄州生黃梅縣山谷黃州生麻城縣山谷並與荊州梁州同

浙西以湖州上湖州生長城縣顧渚山谷與峽州光州同若生山桑儒師二寺白茅山懸腳嶺與襄州荊南義陽郡同生鳳亭山伏翼閣飛雲曲水二寺啄木嶺與壽州常州同生安吉武康二縣山谷與金州梁州同**常州次**常州義興縣生君山懸腳嶺北峰下與荊州義陽郡同生圈嶺善權寺石亭山與舒州同**宣州杭州睦州歙州下**宣州生宣城縣雅山與蘄州同生太平縣上睦臨睦與黃州同杭州臨安於潛二縣生天目山與舒州同錢唐生天竺靈隱二寺睦州生桐廬縣山谷歙州生婺源山谷與衡州同**潤**

州蘇州又下（潤州江寧縣生傲山蘇州長洲縣生洞庭山與金州蘄州梁州同）劍南以彭州上（生九隴縣馬鞍山至德寺棚口與襄州同）綿州蜀州次（綿州龍安縣生松嶺關與荊州同其西昌昌明神泉縣西山者並佳有過松嶺者不堪採蜀州青城縣生丈人山與綿州同青城縣有散茶木茶）邛州次雅州瀘州下（雅州百丈山名山瀘州瀘山者與金州同也）眉州漢州又下（眉州丹棱縣生鐵山者漢州綿竹縣生竹山者與潤州同）浙東以越州上（餘姚縣生瀑布泉嶺曰仙茗大者殊異小者與襄州同）明州婺州次（明州貿縣生榆莢村婺州東陽縣東白山與荊州同）台州下（台州豐縣生赤城者與歙州同）

黔中生恩州播州費州夷州

江南生鄂州袁州吉州

嶺南生福州建州韶州象州福州生閩縣方山之陰其恩播費夷鄂袁吉福建韶象十一州未詳往往得之其味極佳

○九之略

其造具若方春禁火之時於野寺山園叢手而掇乃蒸乃舂乃煬以火乾之則又棨撲焙貫棚穿育等七事皆廢其煮器若松間石上可坐則

具列廢用槁薪鼎櫪之屬則風爐灰承炭檛火筴交床等廢若瞰泉臨澗則水方滌方漉水囊廢若五人已下茶可味而精者則羅廢若援藟躋嵒引絙入洞於山口炙而末之或紙包合貯則碾拂末等廢既瓢盌筴札熟盂鹺簋悉以一筥盛之則都籃廢但城邑之中王公之門二十四器闕一則茶廢矣

十之圖

以絹素或四幅或六幅分布寫之陳諸座隅則

茶之源之具之造之器之煮之飲之事之出之略目擊而存於是茶經之始終備焉

茶經卷下終

茶經跋

余嘗過竟陵憩羽故寺訪鴈橋觀茶井慨然想見其爲人夫羽少厭髡緇篤嗜墳素本非忘世者卒廼寄號桑苧遁跡苕雪嘯歌獨行繼以痛哭其意必有所在時廼比之接輿豈知羽者哉至其性甘茗荈味辨淄澠清風雅趣膾炙今古張顛之於酒也昌黎以爲有所託而逃羽亦以是夫

史官童承叙題

余嘗讀東坡汲江煎茶詩愛其得鴻漸風味再讀孫山人太初夜起煮茶詩又愛其得東坡風味試於二詩三咏之兩腋風生雲霞泉石磊磈胸次矣要之不越鴻漸茶經中經舊刻入百川學海竟陵龍蓋寺有茶井在焉寺僧眞淸嗜茶復掇張歐浮槎等記幷唐宋題詠附刻于經但學海刻非全本而竟陵本更煩穢余故刪次雕于埒參軒時於松風竹月宴坐行吟眠雲吸花淸譚展卷興自不減東坡太初奚止六府睡神

去歟朝詩思清哉與茶侶者當以余言解頤

西吳張睿卿書

茶經跋

茶錄引

洞庭張樵海山人志甘恬澹性合幽棲號稱隱君子其隱于山谷間無所事事日習誦諸子百家言每博覽之暇汲泉煮茗以自愉快無間寒暑歷三十年疲精殫思不究茶之指歸不已故所著茶錄得茶中三昧余乞歸十載夙有茶癖得君百千言可謂纖悉具備其知者以爲茶不知者亦以爲茶山人盍付之剞劂氏即王濛盧仝復起不能易也

吳江顧大典題

張伯淵茶錄

明包山張源伯淵著

採茶

採茶之候貴及其時太早則味不全遲則神散以穀雨前五日爲上後五日次之再五日又次之茶芽紫者爲上面皺者次之團葉又次之光面如篠葉者最下撤夜無雲浥露採者爲上日中採者次之陰雨中不宜採產谷中者爲上竹下者次之爛石中者又次之黃砂中者又次之

造茶

新採揀去老葉及枝梗碎屑鍋廣二尺四寸將茶一斤半焙之候鍋極熱始下茶急炒火不可緩待熟方退火徹入篩中輕團那數遍復下鍋中漸漸減火焙乾爲度中有玄微難以言顯火候均停色香全美玄微未究神味俱疲

辨茶

茶之妙在乎始造之精藏之得法泡之得宜優劣定乎始鍋清濁係乎末火火烈香清鍋寒神

倦火猛生焦柴疎失翠久延則過熟早起却還
生熟則犯黄生則着黒順那則甘逆那則澁帯
白點者無妨絶焦點者最勝

藏茶

造茶始乾先盛舊盒中外以紙封口過三日俟
其性復復以微火焙極乾待冷貯壜中輕輕築
實以箬襯緊將花筭篛及紙數重封紮壜口上
以火煨磚冷定壓之置茶育中切勿臨風近火
臨風易冷近火先黄

火候

烹茶旨要火候爲先爐火通紅茶瓢始上扇起要輕疾待有聲稍稍重疾斯文武之候也過于文則水性柔柔則水爲茶降過于武則火性烈烈則茶爲水制皆不足於中和非茶家要旨也

湯辨

湯有三大辨十五小辨一曰形辨二曰聲辨三曰氣辨形爲內辨聲爲外辨氣爲捷辨如蝦眼蟹眼魚眼連珠皆爲萌湯直至湧沸如騰波鼓

浪水氣全消方是純熟如初聲轉聲振聲驟聲皆爲萌湯直至無聲方是純熟如氣浮一縷二縷三四縷及縷亂不分氤氲亂繞皆爲萌湯直至氣直冲貫方是純熟

湯用老嫩

蔡君謨湯用嫩而不用老盖因古人製茶造則必碾碾則必磨磨則必羅羅則茶爲飄塵飛粉矣于是和劑印作龍鳳團則見湯而茶神便浮此用嫩而不用老也今時製茶不假羅磨全具元

體此湯須純熟元神始發也故曰湯須五沸茶奏三奇

泡法

探湯純熟便取起先注少許壺中祛蕩冷氣傾出然後投茶茶多寡宜酌不可過中失正茶重則味苦香沉水勝則色清氣寡兩壺後又用冷水蕩滌使壺涼潔不則減茶香矣確熟則茶神不健壺清則水性常靈稍俟茶水冲和然後分釃布飲釃不宜早飲不宜遲早則茶神未發遲

則渺馥先消

投茶

投茶有序毋失其宜先茶後湯曰下投湯半下茶復以湯滿曰中投先湯後茶曰上投春秋中投夏上投冬下投

飲茶

飲茶以客少為貴客眾則喧喧則雅趣乏矣獨啜曰神二客曰勝三四曰趣五六曰泛七八曰施

香

茶有真香有蘭香有清香有純香表裏如一曰純香不生不熟曰清香火候均停曰蘭香雨前神具曰真香更有含香漏香浮香問香此皆不正之氣

色

茶以青翠為勝濤以藍白為佳黃黑紅昏俱不入品雪濤為上翠濤為中黃濤為下新泉活火煮茗玄工玉茗冰濤當杯絕技

味

味以甘潤爲上苦澁爲下

點染失眞

茶自有眞香有眞色有眞味一經點染便失其眞如水中着鹹茶中着料碗中着果皆失眞也

茶變不可用

茶始造則青翠收藏不法一變至緑再變至黄三變至黑四變至白食之則寒胃甚至瘠氣成積

品泉

茶者水之神水者茶之體非眞水莫顯其神非精茶曷窺其體山頂泉清而輕山下泉清而重石中泉清而甘砂中泉清而冽土中泉淡而白流于黄石爲佳瀉出青石無用流動者愈于安靜負陰者勝于向陽眞源無味眞水無香

井水不宜茶

茶經云山水上江水次井水最下矣第一方不近江山卒無泉水惟當多積梅雨其味甘和乃

長養萬物之水雪水雖清性感重陰寒入脾胃不宜多積

貯水

貯水甕須置陰庭中覆以紗帛使承星露之氣則英靈不散神氣常存假令壓以木石封以紙箬曝于日下則外耗其神內閉其氣水神敝矣飲茶惟貴乎茶鮮水靈茶失其鮮水失其靈則與溝渠水何異

茶具

桑苧翁煮茶用銀瓢謂過於奢侈後用磁器又不能持久卒歸于銀愚意銀者宜貯朱樓華屋若山齋茅舍惟用錫瓢亦無損于香色味也但銅鐵忌之

茶盞

盞以雪白者爲上藍白者不損茶色次之

拭盞布

飲茶前後俱用細麻布拭盞其他易穢不宜用

分茶盒

以錫爲之從大壜中分用用盡再取

茶道

造時精藏時燥泡時潔精燥潔茶道盡矣

茶錄畢

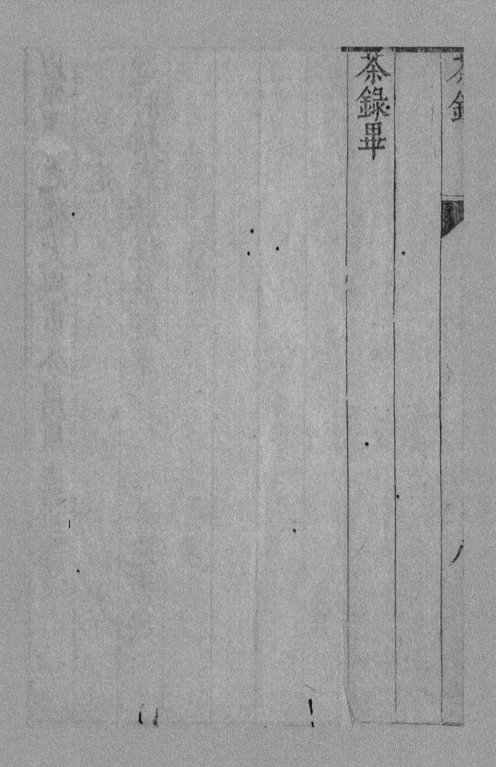

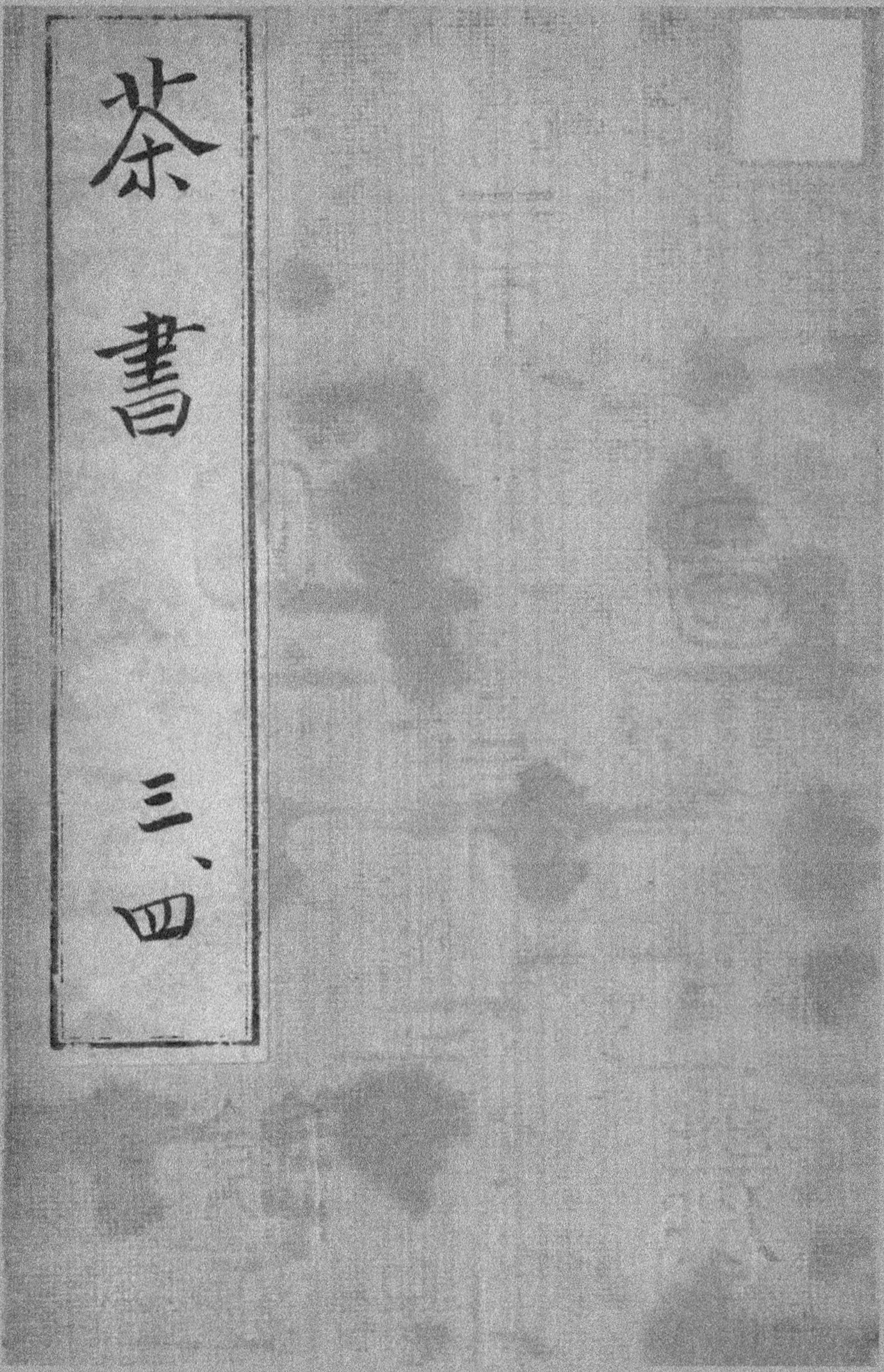
茶書
三、四

茶書·三

東溪試茶錄部

北苑貢茶錄部

北苑別錄 品茶要錄部

東溪試茶錄

宋建安朱子安著

建首七閩山川特異峻極迴環勢絶如甌其陽多銀銅其陰孕鉛鐵厥土赤墳厥植惟茶會建而上羣峰益秀迎抱相向草木叢條水多黃金茶生其間氣味殊美豈非山川重複土地秀粹之氣鍾於是而物得以宜歟北苑西距建安之洄溪二十里而近東至東宮百里而遥溪名有三十六東宮其一也過洄溪踰東宮則僅能成餅耳獨北苑

連屬諸山者最勝北苑前枕溪流北涉數里茶皆氣弇然色濁味尤薄惡况其遠者乎亦猶橘過淮為枳也近蔡公作茶錄亦云隔溪諸山雖及時加意製造色味皆重矣今北苑焙風氣亦殊先春朝隮常雨霽則霧露昏蒸晝午猶寒故茶宜之茶宜高山之陰而喜日陽之早自北苑鳳山南直苦竹園頭東南屬張坑頭皆高遠先陽處歲發常早芽極肥乳非民間所比次出壑源嶺高土沃地茶味甲于諸焙丁謂亦云鳳山

高不百丈無危峰絕崦而岡阜環抱氣勢柔秀宜乎嘉植靈卉之所發也又以建安茶品甲于天下疑山川至靈之卉天下始和之氣盡此茶矣又論石乳出壑嶺斷崖缺石之間蓋草木之仙骨丁謂之記錄建溪茶事詳備矣至于品載止云北苑壑源嶺及總記官私諸焙千三百三十六耳近蔡公亦云唯北苑鳳凰山連屬諸焙所產者味佳故四方以建茶爲首皆曰北苑建人以近山所得故謂之壑源好者亦取壑源口

南諸葉皆云彌珍絕傳致之間識者以色味品第反以壑源爲疑今書所異者從二公紀土地勝絕之目具疏園隴百名之異香味精麤之别庶知茶於草木爲靈最矣去畝步之間别移其性又以佛嶺葉源沙溪附見以質二焙之美故曰東溪試茶錄自東宮西溪南焙北苑皆不足品第今略而不論

揔敘焙名 北苑諸焙或還民間或隷北苑前書未盡今始終其事

舊記建安郡官焙三十有八自南唐歲率六縣

民採造大為民間所苦我宋建隆以來環北苑近焙歲取上供外焙俱還民間而裁税之至道年中始分游坑臨江汾常西濛洲西小豐大熟六焙隸南劍又免五縣茶民專以建安一縣民力裁足之而除其口率泉慶曆中取蘇口曾坑石坑重院還屬北苑焉又丁氏舊録云官私之焙千三百三十有六而獨記官焙三十二東山之焙十有四北苑龍焙一乳橘内焙二乳橘外焙三重院四壑嶺五謂源六范源七蘇口八東

宫九石坑十建溪十一香口十二火梨十三開
山十四南溪之焙十有二下瞿一濛洲東二汾
東三南溪四斯源五小香六際會七謝坑八沙
龍九南鄉十中瞿十一黃熟十二西溪之焙四
慈善西一慈善東二慈惠三船坑四北山之焙
二慈善東一豐樂二

北苑曾坑石坑附

建溪之焙三十有二北苑首其一而園別爲二
十五苦竹園頭甲之䶉鼠窠次之張坑頭又次

之苦竹圍頭連屬窠坑在大山之北圍植北山
之陽大山多脩木叢林鬱蔭相及自焙口達源
頭五里地遠而益高以圍多苦竹故名曰苦竹
以高遠居衆山之首故曰圍頭直西定山之隈
土石廻向如窠然南挾泉流積陰之處而多飛
鼠故曰鼯鼠窠其下曰小苦竹圍又西至于大
圍絶山尾疎竹蓊翳昔多飛雉故曰雉數窠又
南出壤圍麥圍言其土壤沃宜蘖麥也自青山
曲折而北嶺勢屬如貫魚凡十有二又隈曲如

窠巢者九其地利爲九窠十二壠隈深絶數里曰廟坑坑有山神祠焉又焙南直東嶺極高峻曰教練壠東入張坑南距苦竹帶北岡勢橫直故曰坑坑又北出鳳凰山其勢中跱如鳳之首兩山相向如鳳之翼因取象焉鳳凰山東南至于袁雲壠又南至于張坑又南最高處曰張坑頭言昔有袁氏張氏居于此因名其地焉出袁雲之北平下故曰平園絶嶺之表曰西際其東爲東際焙東之山縈紆如帶故曰帶園其中曰

中歷坑東又曰馬鞍山又東黃淡窠謂山多黃淡也絕東爲林園又南曰柢園又有蘇口焙與北苑不相屬昔有蘇氏居之其園别爲四其最高處曰曾坑際上又曰尼園又北曰官坑上園下坑園慶曆中始入北苑歲貢有曾坑上品一斤叢出於此曾坑山淺土薄苗發多紫復不肥乳氣味殊薄今歲貢以苦竹園茶充之而蔡公茶録亦不云曾坑者佳又石坑者涉溪東北距焙僅一舍諸焙絕下慶曆中分屬北苑園之别

有十一曰大畲二曰石雞望三曰黃園四曰石坑古焙五曰重院六曰彭坑七曰蓮湖八曰嚴曆九曰烏石高十曰高尾山多古木脩林今爲本焙取材之所園焙歲久今廢不開二焙非產茶之所今附見之

壑源（葉源附）

建安郡東望北苑之南山叢然而秀高峙數百丈如郭郭焉（民間所謂捍火山也）其絕頂西南下視建之地邑（民間謂之望州山）山起壑源口而西周抱北苑之

群山迤邐南絕其尾巋然山阜高者為婺源頭言婺源領山自此首也大山南北以限沙溪其東曰婺水之所出水出山之南東北合為建溪婺源口者在北苑之東北南徑數里有僧居曰承天有園隴北稅官山其茶甘香特勝近焙受水則渾然色重粥面無澤道山之南又西至于章歷章歷西曰後坑西曰連焙南曰焙山又南曰新宅又西曰嶺根言北山之根也茶多植山之陽其土赤埴其茶香少而黄白嶺根有流泉

清淺可涉涉泉而南山勢回曲東去如鉤故其地謂之壑嶺坑頭茶爲勝絕處又東別爲大窠坑頭至大窠爲正壑嶺寔爲南山土皆黑埴茶生山陰厥味甘香厥色青白及受水則淳淳光澤（民間謂之冷粥面）視其面渙散如粟雖去社芽葉過老色益青清氣益鬱然其止則苦去而甘至（民間謂之草木大而味大是也）他焙芽葉過老色益青濁氣益勃然其止則味去而苦留爲異矣大窠之東山勢平盡曰壑嶺尾茶生其間色黑而味多土氣絕

大窠南山其陽曰林坑又西南曰壑嶺根其西曰壑嶺頭道南山而東曰穿欄焙又東曰黄際其北曰李坑山漸平下茶色黄而味短自壑嶺尾之東南溪流繚遶岡阜不相連附極南塢中曰長坑踰嶺爲葉源又東爲梁坑而盡于下湖葉源者土赤多石茶生其中色多黄青無粥面粟紋而頗明爽復性重喜沉爲次也

佛嶺

佛嶺連接葉源下湖之東而在北苑之東南隔

婺源溪水道自章版東際爲丘坑坑口西對婺源亦曰婺口其茶黃白而味短東南曰曾坑今屬北苑其正東曰後歷曾坑之陽曰佛嶺又東至于張坑又東曰李坑又有硬頭後洋蘇池蘇源郭源南源畢源苦竹坑岐頭槎頭皆周環佛嶺之東南茶少甘而多苦色亦重濁又有簀源簀音膳未詳此字石門江源白沙皆在佛嶺之東北茶泛然縹塵色而不鮮明味短而香少爲劣耳

沙溪

沙溪去北苑西十里山淺土薄茶生則葉細芽不肥乳自溪口諸焙色黄而土氣自龔漈南曰挺頭又西曰章坑又南曰永安西南曰南坑漈其西曰砰溪又有周坑范源温湯漈厄源黄坑石龜李坑章坑章村小梨皆屬沙溪茶大率氣味全薄其輕而浮浡浡如土色製造亦殊壑源者不多留膏蓋以去膏盡則味少而無澤也茶之面無光澤也故多苦而少甘

茶名茶之名類殊別故錄之

茶之名有七一曰白葉茶民間大重出于近歲園焙時有之地不以山川遠近發不以社之先後芽葉如紙民間以爲茶瑞取其第一者爲鬭茶而氣味殊薄非食茶之比今出壑源之大窠者六（葉仲元葉世萬葉世榮葉湧葉世積葉相）壑源巖下一（葉務滋）源頭二（葉團葉肱）壑源後坑（葉文）壑源嶺根三（葉公葉品葉居）林坑黃漈一（游容）丘坑一（游用章）畢源一（王大照）佛嶺尾一（游道生）沙溪之大梨漈上一（謝汀）高石巖一（雲擦院）大梨一（呂演）砰溪嶺根一（任道者）次有柑葉茶樹高

丈餘徑頭七八寸葉厚而圓狀類柑橘之葉其芽發即肥乳長二寸許爲食茶之上品三曰早茶亦類柑葉發常先春民間採製爲試焙者四曰細葉茶葉比柑葉細薄樹高者五六尺芽短而不乳今生沙溪山中盖土薄而不茂也五曰稽茶葉細而厚密芽晚而青黃六曰晚茶蓋雞茶之類發比諸茶晚生于社後七曰叢茶亦曰蘖茶叢生高不數尺一歲之間發者數四貧民取以爲利

採茶 辨茶須知製造之始故次

建溪茶比他郡最先北苑壑源者尤早歲多暖則先驚蟄十日即芽歲多寒則後驚蟄五日始發先芽者氣味俱不佳唯過驚蟄者最爲第一民間常以驚蟄爲候諸焙後北苑者半月去遠則益晚凡採茶必以晨興不以日出日出露晞爲陽所薄則使芽之膏腴消耗于內茶及受水而不鮮明故常以早爲最凡斷芽必以甲不以指以甲則速斷不柔以指則多溫易損擇之必

精濯之必潔蒸之必香火之必良一失其度俱爲茶病民間常以春陰爲採茶得時日出而採則芽葉易損建人謂之採摘不鮮是也

茶病試茶辨味必須知茶之病故又次之

芽擇肥乳則甘香而粥面着盞而不散土瘠而芽短則雲脚渙亂去盞而易散葉梗半則受水鮮白葉梗短則色黃而泛梗謂芽之身除去白合處茶民以茶之色味俱在梗中烏蔕白合茶之大病不去烏蔕則色黃黑而惡不去白合則味苦澀丁謂之論備矣蒸芽必熟去膏必盡蒸芽未熟則草木氣存適口則知去膏未

盡則色濁而味重受煙則香奪壓黄則味失此皆茶之病也受煙謂過黄時火中有煙使茶香盡而煙臭不去也壓去膏之時久留茶黄之未造使黄經宿香味俱失弇然氣如假雞卵臭也

右東溪試茶録一卷皇朝朱子安集拾丁蔡之遺東溪亦建安地名其序謂七閩至國朝草木之異則產臘茶荔子人物之秀則產狀頭宰相皆前代所未有以時而顯可謂美矣然其草木味厚難多食人物多智難獨任亦地氣之異云澶淵晁公武題

宣和北苑貢茶錄

宋建陽熊蕃叔茂著

陸羽茶經裴文茶述皆不第建品說者謂二子未嘗至閩而不知物之發也固自有時蓋昔者山川尚閟靈芽未露至於唐猶然北苑後出爲之最是時僞蜀辭臣毛天錫作茶譜亦第言建有紫笋而臘面乃產於福五代之季建屬南唐歲率諸縣民采茶北苑初造研膏繼造臘面既造製其佳者號曰京鋌聖朝開寶末下南唐太

平興國初特置龍鳳模遣使即北苑造團茶而龍鳳茶蓋始於此又一種茶叢生石崖枝葉尤茂至道初有詔造之別號石乳又一種號蔡郛又一種號白乳蓋自龍鳳與京石的白四種詔出而臘面降爲下矣蓋龍鳳等茶皆太宗朝所製至咸平初丁晉公漕閩始載之於茶錄慶曆中蔡君謨將漕創小龍團以進被旨乃歲貢之自小團出而龍鳳遂爲次矣元豐間有旨造密雲龍其品加於小團之上紹聖間改爲瑞雲祥

龍至大觀初今上親製茶論二十篇以白茶者爲不可得偶然生出非人力可致於是白茶遂爲第一既又製三色細芽及試新銙貢新銙自三色細芽出而瑞雲翔龍顧居下矣凡茶芽數品最上曰小芽如雀舌鷹爪以其勁直纖銳故號芽茶次曰中芽乃一芽帶一葉者號一鎗一旗次曰中芽乃一芽帶兩葉者號一鎗兩旗帶三葉四葉皆漸老矣芽茶早春極小景德中建守周絳爲茶經言茶芽只作草茶馳奏萬乘嘗

之可以如一鎗一旗可謂奇茶也故一鎗一旗
號揀芽最爲奇特先正舒王送人官閩中詩云
新茗齋中試一旗謂揀芽也或者乃謂茶芽未
展爲鎗已展爲旗指舒王此詩爲誤盖不知有
所謂揀芽也夫揀芽猶貴如此而况茶芽以供
天子所新嘗者乎芽茶絕矣至於水芽則曠古
未之聞也宣和庚子歲漕臣鄭公可簡始創爲
銀線水芽盖將已揀熟再剔去只取其心一縷
用珍器貯清泉漬之光明瑩潔若銀線然以制

方士新銙有小龍蜿蜒其上號龍團勝雪又廢
白的石三乳鼎造化銙二十餘色初貢茶皆入
龍腦至是慮奪真味始不用焉蓋茶之妙至勝
雪極矣故合為首冠然猶在白茶之次者以白
茶上所號也異時郡人黃儒撰品茶要錄極稱
當時靈芽之富謂使陸羽數子見之必爽然自
失蕃亦謂使黃君而閱今日則前乎此者未足
詫焉然龍焙初興貢數殊少累增至于元符以
片計者一萬八千視昔已加數倍而猶未盛今

則爲四萬七千一百片有奇矣此數見范逵所著龍焙美成茶錄逵茶官也

自白茶勝雪以次厥名實繁今列于左使好事者得觀焉

貢新銙大觀二年造　試新銙政和二年造

白茶政和二年造　龍團勝雪宣和二年造

御苑玉芽大觀二年造　萬壽龍芽大觀二年造

上林第一宣和二年造　乙夜供清宣和二年造

承芳雅玩宣和二年造　龍鳳英華宣和二年造

玉除清賞宣和二年造　啓沃承恩宣和二年造

雪英宣和二年造　雲葉宣和二年造
蜀葵宣和三年造　金錢宣和三年造
玉華宣和三年造　寸金宣和三年造
無比壽芽大觀四年造　萬春銀葉宣和二年造
宜年寶玉宣和二年造　玉清慶雲宣和二年造
無疆壽龍宣和二年造　玉葉長春宣和四年造
瑞雲祥龍紹聖二年造　長壽玉圭政和二年造
興國岩銙　香口焙銙
上品揀芽紹聖二年造　新收揀芽

太平嘉瑞（政和二年造）　龍苑報春（宣和四年造）

南山應瑞（宣和四年造）　興國岩棟芽

興國岩小龍　興國岩小鳳（已上號細色）

棟芽　小龍

小鳳　大龍

大鳳（以上號麤色）

又有瓊林毓粹浴雪呈祥壑源拱秀貢篚推先價倍南金暘谷先春壽岩却勝延平石乳清白可鑒風韻甚高凡十色皆宣和二年所製越五

歲省去

右茶歲貢十餘綱惟白茶與勝雪自驚蟄前興役浹日乃成飛騎疾馳不出中春已至京師號爲頭綱玉芽以下即先役以次發遣貢足時夏過半矣歐陽文忠公詩曰建安三千五百里京師三月嘗新茶蓋異時如此以今較昔又爲最早因念草木之微有環奇卓異亦必逢時而後出而況爲士者哉昔昌黎先生感二鳥之蒙采擢而自悼其不如今蕃於是茶也焉敢效昌黎

之自警惟堅其守以待時而已

貢新銙 竹圈 方一寸二分

試新銙 竹圈 方一寸二分

龍團勝雪 銀圈 銀模 徑一寸五分

萬壽龍芽 銀圈 銀模 徑一寸五分

御苑玉芽 銀圈 銀模 徑一寸五分

白茶 銀圈 銀模 徑一寸五分

上林第一 竹圈 方一寸二分

乙夜清供 竹圈 方一寸二分

承平雅玩 竹圈 方一寸二分

龍鳳英華 竹圈 方一寸二分

玉除清賞 竹圈 方一寸二分

啓沃承恩 竹圈 方一寸二分

雪英 銀模 横長一寸五分

雲葉 銀模 横長一寸五分

蜀葵 銀模 徑一寸五分

金錢 銀模 徑一寸五分

玉華 銀模 横長一寸五分

寸金 竹圈 方一寸二分

無比壽芽　銀模　横長一寸五分
竹圈　方一寸二分

萬春銀葉　銀模　西尖徑二寸二分

宜春寶玉　銀模　直長三寸
銀圈

玉清慶雲　銀模　方一寸八分
銀圈

無疆壽龍　銀模　直長三寸
竹圈

玉葉長春　竹圈　直長一寸六分

瑞雲祥龍　銀模　徑長一寸五分
銅圈

長壽玉圭　銀模　直長三寸

興國岩銙　竹圈　方一寸二分

香口焙銙　竹圈　方一寸二分

上品揀芽　銀模　銅圈　徑二寸五分

龍苑報春　銀圈　徑寸七分

太平嘉瑞　銀圈　徑二寸五分

新收揀芽　銀圈　徑二寸五分

南山應瑞　銀模　銀圈　方一寸八分

興國岩揀芽　銀模　徑三寸

小龍　銀模　銅圈　徑四寸五分

小鳳　銀模　銅圈　徑四寸五分

大龍銀模銅圈

大鳳銀模銅圈

宣和北苑貢茶錄後序

先人作茶錄當貢品極盛之時凡有四十餘色紹興戊寅歲克攝事北苑閱近所貢皆仍舊其先後之序亦同惟躋龍團勝雪于白茶之上及無興國若小龍小鳳蓋建炎南渡有旨罷貢三之一而省去之也先人但著其名號克今更寫其形製庶覽者無遺恨焉先是任子春漕司再葺茶政越十三載乃復舊額且用政和故事補種茶二萬株（政和間曾種三萬株）次年益虔貢職遂有創

增之者仍改京鋌為大龍團由是大龍多于大
鳳之數凡此皆近事或者猶未知之也三月初
吉男克北苑寓舍書

北苑貢茶最盛然前輩所錄止於慶曆以上自
元豐之密雲龍紹聖之瑞雲龍相繼挺出製精
于舊而未有好事者記焉但見於詩人句中及
大觀以來增創新銙亦猶用揀芽蓋水芽至宣
和始有顧龍團勝雪與白茶角立歲充首貢復
自御苑玉芽以下厥名實繁先子親見時事悉

能記之成編具存今閩中漕臺所刊茶錄未備
此書庶幾補其闕云
淳熙九年冬十二月四日朝散郎行秘書郎兼
國史編脩官權直學士院熊克謹記

熊蕃字叔茂建陽人唐建州刺史博九世孫
善屬文長於吟咏不復應舉築堂名獨善號
獨善先生嘗著茶錄[illegible]別品第高下最爲精
當又有製茶十咏及文稿三卷行世徐𤊹書

北苑別錄

宋建陽熊克子復著

建安之東三十里有山曰鳳凰其下直通北苑旁聯諸焙厥土赤壤厥茶惟上上太平興國中初爲御焙歲模龍鳳以羞貢篚蓋表珍異慶曆中漕臺益重其事品目日增制度日精厥今茶自北苑上者獨冠天下非人間所可得（疑大）也方其春蟲震蟄千（疑郡夫）山雷動一時之盛誠爲[illegible]觀故（疑同）建人謂至建安而不詣北苑與不至者同僕因攝

事遂得研究其始末姑摭其大槩條爲十餘類目曰北苑别錄云

御苑

九窠十二隴　麥窠　壤園

龍游窠　小苦竹　苦竹裏

鷄藪窠　苦竹　苦竹源

鼯鼠窠　教練隴　鳳凰山

大小焊　橫坑　猿游隴

張坑　帶園　焙東

中曆　東際　西際
官平　石碎寮　上下官坑
虎膝寮　樓隴　蕉寮
新園　夫樓基　院坑
曾坑　黃際　馬鞍山
林園　和尚園　黃淡寮
吳彥山　羅漢山　小桑寮
銅場　師姑園　靈滋
苑馬園　高入番　大寮頭

小山

右四十六所廣袤三十餘里自官平而上爲內園官坑而下爲外園方春靈芽莩折常先民焙十餘日如九窠十二隴龍游窠小苦竹張坑西際又爲禁園之先也

開焙

驚蟄節萬物始萌每歲常以前三日開焙遇閏則反之以其氣候遲故也

采茶

采茶之法須是侵晨不可見日侵晨則夜露未晞茶芽肥潤見日則爲陽氣所薄使芽之膏腴內耗至受水而不鮮明故每日常以五更撾鼓群集采夫於鳳凰山（山有打鼓亭）監茶官人給一牌入山至辰刻則復鳴鑼以聚之恐其踰時貪多務得也大抵採茶亦須習熟募夫之際必擇土著及諸過曉之人非特識茶發早晚所在而於採摘亦知其指要蓋以指而不以甲則多溫而易損以甲而不以指則速斷而不柔（從舊說也）故采

夫欲其習熟政爲是耳采夫日役二百二十五人

揀茶

茶有小芽有中芽有紫芽有白合有烏蔕此不可不辨小芽者其小如鷹爪初造龍團勝雪白茶以其芽先次蒸熟置之小盆中剔取其精英僅如針小謂之水芽是小芽中之最精者也中芽古謂之一鎗二旗是也紫芽葉之紫者是也白合乃小芽有兩葉抱而生者是也烏蔕茶之蔕頭是也凡茶以水芽爲上小葉次之其中芽

又次之紫芽白合烏帶皆在所不取使其擇焉而摘則茶之色味無不佳萬一雜之以所不取則首面不勻色濁而味重也

蒸茶

茶芽再四洗滌取令潔淨然後入甑俟湯沸蒸之然蒸有過熟之患有不熟之患過熟則色黃而味淡不熟則色青易沉而有草木之氣唯在得中之爲當也

榨茶

茶既熟謂茶黃須淋洗數過（欲其冷也）方入小榨以去其水又入大榨去其膏（水芽則以馬榨壓之以其芽嫩故也）先是包以布帛束以竹皮然後入大榨壓之至中夜取出揉勻復如前入榨謂之翻榨徹曉奮擊必至於乾淨而後已蓋建茶味遠而力厚非江茶之比江茶畏流其膏建茶唯恐其膏之不盡膏不盡則味色重濁矣

研茶

研茶之具以柯為杵以瓦為盆分團酌水亦皆

有數上而勝雪白茶以十六水下而揀芽之水六小龍鳳四大龍鳳二其餘皆以十二焉自十二水而上日研一團自六水而下日研三團至七團每水研之必至於水乾茶熟而後已水不乾則茶不熟茶不熟則首面不勻煎試易沉故研夫尤貴於強有力者也嘗謂天下之理未有不相須而成者有北苑之芽而後有龍井之水龍井之水其深不能以丈尺清而且甘晝夜酌之而不竭凡茶自北苑上者皆資焉亦猶錦之

於蜀江膠之於阿井詎不信然

造茶

造茶舊分四局匠者起好勝之心彼此相誇不能無弊遂分爲二焉故茶堂有東局西局之名茶銙有東作西作之號凡茶之初出研盆盪之欲其勻揉之欲其膩然後入圈製銙隨笪過黃有方故銙有花銙有大龍有小龍品色不同其名亦異隨綱繫之於貢茶云

過黃

茶之過黃初入烈火焙之次過沸湯爁之凡如是者三而後宿一火至翼日遂過煙焙焉然煙焙之火不欲烈烈則面炮而色黑又不欲煙煙則香盡而味焦但取其溫溫而已凡火之數多寡視其銙之厚薄銙之厚者有十火至於十五火銙之薄者七八火至於六火火數既足然後過湯上出色之後當置之密室急以扇扇之則色澤自然光瑩矣

綱次

細色第一綱

龍焙貢新

水芽　十二火　十宿火　正貢三十銙

創添二十銙

細色第二綱

龍焙試新

水芽　十二火　十宿火　正貢一百銙

創添五十銙

細色第三綱

龍團勝雪

水芽　十六水　十六宿火　正貢三十銙

續添二十銙　創添六十銙

白茶

水芽　十六水　十宿火　正貢三十銙

續添五十銙　創添八十銙

御苑玉芽

水芽　十二水　八宿火　正貢一百片

萬壽龍芽

小芽　十二水　八宿火　正貢一百片

上林第一

小芽　十二水　十宿火　正貢一百銙

乙夜供清

小芽　十二水　十宿火　正貢一百銙

承平雅玩

小芽　十二水　十宿火　正貢一百銙

龍鳳英華

小芽　十二水　十宿火　正貢一百銙

啓沃承恩

小芽　十二水　十宿火　正貢一百銙

雪英

小芽　十二水　七宿火　正貢一百片

雲葉

小芽　十二水　七宿火　正貢一百片

蜀葵

小芽　十二水　七宿火　正貢一百片

金錢

小芽　十二水　七宿火　正貢一百片

玉葉

小芽　十二水　七宿火　正貢一百片

寸金

小芽　十二水　九宿火　正貢一百片

細色第四綱

龍團勝雪　已見上　正貢一百五十銙

無比壽芽

小芽　十二水　十五宿火　正貢五十銙

創添十銙

萬春銀葉

小芽　十二水　十宿火　正貢四十片

創添六十片

宜年寶玉

小芽　十二水　十二宿火　正貢四十片

創添六十片

玉清慶雲

小芽　十二水　九宿火　正貢四十片

創添六十片

疆壽龍

小芽　十二水　十五宿火　正貢四十片

創添六十片

玉葉長春

小芽　十二水　七宿火　正貢一百片

瑞雲翔龍

小芽　十二水　九宿火　正貢一百八片

長壽玉圭

小芽　十二水　九宿火　正貢一百片

興國岩銙

中芽　十二水　十宿火　正貢一百七十銙

香口焙銙

中芽　十二水　十宿火　正貢五百銙

上品揀芽

小芽　十二水　十宿火　正貢一百片

新收揀芽

中芽　十二水　十宿火　正貢六百片

細色第五綱

太平嘉瑞

小芽　十二水　九宿火　正貢三百片

龍苑報春

小芽　十二水　九宿火　正貢六十片

創添六十片

南山應瑞

小芽　十二水　十五宿火　正貢六十銙

創添六十銙

興國岩揀芽

中芽　十二水　十宿火　正貢三百十片

興國岩小龍

中芽　十二水　十五宿火　正貢七十五片

興國岩小鳳

中芽　十二水　十五宿火　正貢五十片

先春雨色

太平嘉瑞　已見前　正貢二百片

長壽玉圭　已見前　正貢一百片

續入額四色

御苑玉芽　已見前　正貢一百片

萬壽龍芽　已見前　正貢一百片

無比壽芽　已見前　正貢一百片

瑞雲翔龍　已見前　正貢一百片

麤色第一綱

正貢

不入腦子上品揀芽小龍一千二百片

六水　十宿火

入腦子小龍七百片　四水　十五宿火

增添

不入腦子上品揀芽小龍一千二百片

入腦子小龍七百片

建寧府附發小龍茶八百四十片

麤色第二綱

正貢

不入腦子上品林芽小龍六百四十片

入腦子小龍六百七十二片

忠

入腦子小鳳一千三百四十片　四水

十五宿火

入腦子大龍七百二十片　二水

十五宿火

入腦子大鳳七百二十片　二水

十五宿火

增添

不入腦子上品揀芽小龍一千二百片

入腦子小龍七百片

建寧府附發小鳳茶一千三百片

麤色第三綱

正貢

不入腦子上品揀芽小龍六百四十片

入腦子小龍六百四十片

入腦子小鳳六百七十三片

入腦子大龍一千八百片

入腦子大鳳一千八片

增添

不入腦子上品揀芽小龍一千二百片

入腦子小龍七百片

建寧府附發大龍茶四百片　大鳳茶四百片

麤色第四綱

正貢

不入腦子上品揀芽小龍六百片

入腦子小龍三百三十六片

入腦子小鳳三百三十六片

入腦子大龍一千二百四十片

入腦子大鳳一千二百四十片

建寧府附發大龍茶四百片　大鳳茶四百片

麤色第五綱

正貢

入腦子大龍一千二百六十八片

入腦子大鳳一千三百六十八片

京鋌改造大龍一千六百片

建寧府附發大龍茶八百片　大鳳茶八百片

麤色第六綱

正貢

入腦子大龍一千三百六十片

入腦子大鳳一千三百六十片

京鋌改造大龍一千六百片

建寧府附發大龍茶八百片　京鋌改造大龍一千二百片

麤色第七綱

正貢

入腦子大龍一千二百四十片

入腦子大鳳一千二百四十片

京鋌改造大龍二千三百五十二片

建寧府附發大龍茶二百四十片　大鳳茶

二百四十片

京鋌改造大龍四百八十片

細色五綱

貢新爲最上役開焙十日入貢龍團爲最精而建人有直四方錢之語夫茶之入貢圈以箬葉束以黃縷盛以花箱護以金籠花箱內外又有黃羅羃之可謂十襲之珍矣

麤色七綱

揀芽以四十餅爲角小龍鳳以二十餅爲角大龍鳳以八餅爲角圈以箬葉束以紅縷包以紅紙護以紅綾惟揀芽俱以黃焉

開畬

草木至夏益盛故欲導生長之氣以滲雨露之
澤每歲六月興工虛其本培去其滋蔓之草遏
鬱之末悉用除之政所以導生長之氣而滲雨
露之澤也此之謂開畬唯桐木則留焉桐木之
性與茶相宜茶至冬則畏寒桐木望秋而先落
茶至夏而畏日桐木至春而漸茂理亦然也

外焙

石門　乳吉　查口

右三焙常後北苑五七日興工每日採茶蒸榨

以其黄心送北苑併造

熊克字子復蕃之子弱冠登紹興二十七年進士授順昌主簿除鎮江府學教授秩滿改知諸暨縣憲使芮煇表薦之提轄文思院召秘書省校書郎兼國史編修官時周益公必大參知政事謂克曰百官志疎甚公談習典故宜加增損旬日纂成益公稱嘆復遷秘書郎權直學士院知制誥又遷起居郎兼直學士院以論罷知台州上九朝通略詔譜一秩

召赴行在部使者劾克繼私讎不治報罷奉
祠知太平州屬疾告老未幾卒所著有九朝
通略一百六十八卷中興曆一百卷官制新
典十卷帝王經譜二十四卷諸子精華六十
卷徐勣書

北苑剔錄終

品茶要錄目錄

品茶目錄終

品茶要錄

宋建安黃儒道父著

總論

說者常怪陸公茶經不第建安之品蓋前此茶事未甚興靈芽真笋往往委翳消腐而人不知惜自國初以來士大夫沐浴膏澤詠歌昇平之日久矣夫體態灑落神觀沖淡惟兹茗飲爲可喜園林亦相與摘英誇異制棬鬻新而移時之好故殊絕之品始得自出於蓁莽之間而其名

遂冠天下借使陸羽復起閱其金餅味其雲腴當爽然自失矣因念草木之材一有負瓌（疑瓌）偉絕（疑詭）特者未嘗不遇而後興况於人乎然士大夫間爲珍藏精誠（疑試）之具非會（疑尚）雅好眞未嘗輒出其好事者又嘗（疑常）論其采制之出入器用之宜否較試之湯火圖於縑素傳玩于時獨未補於賞鑒之明爾蓋園民射利膏油其面香色品味易辨而難詳予因閱收之暇爲原采造之得失較試之低昂次爲十說以中其病題曰品品茶要錄云

一采造過時

茶事起於驚蟄前其采芽如鷹爪初造曰試焙又曰一火次曰二火二火之茶已次一火矣故市茶芽者惟同出於三火前者爲最佳尤喜薄寒氣候陰不至凍（茶芽未畏霜寒有造於一火二火皆遇霜而三火霜霽則三火之茶勝矣）曬不至暄則穀芽含養而滋長有漸采工亦優爲矣凡試時泛色鮮白隱於薄霧者得於佳時而然也有造於積雨者其色昏黃或氣候暴暄茶芽蒸發采工汗手薰漬揀摘不給則

製造雖多皆爲常品矣試時色非鮮白水脚微紅者過時之病也

二白合盜葉

茶之精絶者曰鬭曰亞鬭其次揀芽茶鬭品雖最上園戶或止一株蓋天材間有特異非能皆然也且物之變勢無窮而人之耳目有盡故造鬭品之家有昔優而今劣前負而後勝者雖人工有至有不至亦造化推移不可得而擅也其造一火曰鬭二火曰亞鬭不過十數銙而已揀

芽則不然徧園隴中擇其精英者爾其或貪多務得又滋色澤往往以白合盜葉間之試時色雖鮮白其味澀淡者間白合盜葉之病也一鷹爪之芽有兩小葉抱而生者白合也新條葉細而色白者盜葉也

三入雜

物固不可以容偽況飲食之物尤不可也故茶有入他草者建人號為入雜銙列入柿葉常品入桴檻葉二葉易致又滋色澤園民欺售直而為之試時無粟紋甘香盞面浮散隱如微毛或

星星如纖絮者入雜之病也善茶品者側盞視之所入之多寡從可知矣嚮上下品有之近雖鎊列亦或勾使

四蒸不熟

穀芽初采不過盈掬而已趣時爭新之勢然也既采而蒸既蒸而研蒸有不熟之病有過熟之病蒸而不熟者雖精芽所損已多試時色青易沉味爲桃仁之氣者蒸不熟之病也唯正熟者味甘香

五過熟

茶芽方蒸以氣爲候視之不可以不謹也試時葉黄而粟紋大者過熟之病也然雖過熟愈于不熟甘香之味盛也故君謨論色則以青白勝黄白余論味則以黄白勝青白

六焦釜

茶蒸不可以逾久久而過熟過熟又久則湯乾而焦釜之氣上升茶工有乏之新湯以益之是致薰損而茶黄試時色多昏紅氣焦味惡者焦釜

之病也建人號爲熱鍋

七壓黄

茶已蒸者爲黄黄細則已入捲模制之矣蓋清潔鮮明則香色如之故采佳品者常於半曉間衝蒙雲霧或以罐汲新泉懸胸間得必投其中蓋欲鮮也其或日氣烘爍茶芽暴長工力不及其采芽已陳而不及蒸蒸而不及研研或出宿而後製試時色不鮮明薄如壞卵氣者壓黄久也

八清膏

茶餘光黃又如蔭潤者榨不乾也榨欲盡去其膏膏盡則有如乾竹葉之狀惟夫飾首面者故榨不欲乾以利易售試時色雖鮮白其味帶苦者清膏之病也

九傷焙

夫茶本以芽葉之物就之捲模既出捲上笪焙之用火務合通熟即以火覆之虛其中以熱火氣然茶民不喜用實炭號為冷火以茶餅新濕

欲速乾以見售故用火常帶煙焰煙焰既多稍失看候以故熏損茶餅試時其色紅氣味帶焦者傷焙之病也

十辨壑源沙溪

壑源沙溪其地相背而中隔一嶺其勢無數里之遠然茶產頓殊有能出力移栽植之亦爲土氣所化竊嘗怪茶之爲草一物爾其勢必猶得地而後異豈水絡地脉偏鍾粹於壑源豈御焙占此大岡巍隴神物伏護得其餘蔭耶何其甘

芳精至而獨擅天下也觀夫春雷一驚筠籠纔
起售者已擔簦挈槖於其門或先期而散留金
錢或茶纔入笪而爭酬所直故壑源之茶常不
足客所求間有黠猾之園民陰取沙溪茶黄雜
而製之人徒趣其名睨其規模之相若不能原
其實者蓋有之矣凡壑源之茶售以十則沙溪
之茶售以五其直大率做此然沙溪之園民亦
勇于射利或雜以松黄飾其首面或肉理怯薄
體輕而色黄試時雖鮮白不能久香薄而味短

者沙溪之品也凡肉理實厚體堅而色紫試時泛盃凝久香滑而味長者壑源之品也

後論

余嘗論茶之精絕者其白合未開其細如麥蓋得青陽之清輕者也又其山多帶砂石而號嘉品者皆在山南蓋得朝陽之和者也余嘗事閒乘晷景之明淨適軒亭之瀟灑一取佳品嘗試既而神水生於華池愈甘而親其有助乎然建安之茶散入下者不爲也而得建安之精品不

爲多蓋有得之者不能辨能辨矣或不善於烹

（[illegible]亦不能辨或不善于烹試矣或非其時亦不善也）

試善烹試矣或非其時猶不善也況非其賓乎然未有主賢而賓愚者也夫惟知此然後盡茶之事昔者陸羽號爲知茶然羽之所知者皆今所謂茶草也何哉如鴻漸所論蒸筍并葉畏流其膏蓋茶草味短而淡故常恐去膏建茶力厚而甘故惟欲去膏又論福建爲未詳往往得之其味極佳由是觀之鴻漸未嘗到建安歟

黄儒事蹟無考按文獻通考陳振孫日品茶

要錄一卷元祐中東坡嘗跋其後今蘇集不載此跋而陳氏之言必有所據豈蘇文尚有遺耶然則儒與蘇公同時人也徐𤊹識

品茶要錄終

茶書　四

茶譜　新
茶具圖贊　新
茶寮記　新
荈茗錄

茶譜序

吳郡顧元慶

余性嗜茗弱冠時識吳心遠於陽羡識過養拙於琴川二公極於茗事者也授余收焙烹點法頗爲簡易及閱唐宋茶譜茶錄諸書法用熟碾細羅爲末爲餅所謂小龍團尤爲珍重故當時有金易得而龍餅不易得之語嗚呼豈士人而能爲此哉頃見友蘭翁所集茶譜其灋於二公頗合但收採古今篇什太繁甚失譜意余暇日刪校仍附王友石竹爐并分封六事於後當與

有玉川之癖者共之也吳郡顧元慶序

茶譜序畢

茶譜

明吳郡顧元慶輯

茶略

茶者南方嘉木自一尺二尺至數十尺其巴峽有兩人抱者伐而掇之樹如瓜蘆葉如梔子花如白薔薇實如栟櫚蒂如丁香根如胡桃

茶品

茶之產於天下多矣若劍南有蒙頂石花湖州有顧渚紫筍峽州有碧澗明月邛州有火井思

安渠江有薄片巴東有眞香福州有柏巖洪州有白露常之陽羡婺之舉巖丫山之陽坡龍安之騎火黔陽之都濡高株瀘川之納溪梅嶺之數者其名皆著品第之則石花最上紫筍次之又次則碧澗明月之類是也惜皆不可致耳

藝茶

藝茶欲茂法如種瓜三歲可採陽崖陰林紫者爲上綠者次之

採茶

團黃有一旗二鎗之號言一葉二芽也凡早取
爲茶晚取爲荈穀雨前後收者爲佳粗細皆可
用惟在採摘之時天色晴明炒焙適中盛貯如
法

藏茶

茶宜蒻葉而畏香藥喜溫燥而忌冷濕故收藏
之家以蒻葉封裹入焙中兩三日一次用火當
如人體溫溫則禦濕潤若火多則茶焦不可食

制茶諸法

橙茶將橙皮切作細絲一觔以好茶五觔焙乾入橙絲間和用密麻布襯墊火箱置茶於上烘熱淨綿被罨之三兩時隨用建連紙袋封褁仍以被罨焙乾收用

蓮花茶於日未出時將半含蓮花撥開放細茶一撮納滿蘂中以麻皮略縶令其經宿次早摘花傾出茶葉用建紙包茶焙乾再如前法又將茶葉入別蘂中如此數次取其焙乾收用不勝香美

木樨茉莉玫瑰薔薇蘭蕙橘花梔子木香梅花皆可作茶諸花開時摘其半含半放蘂之香氣全者量其茶葉多少摘花爲茶花多則太香而脱茶韻花少則不香而不盡美三停茶葉一停花始稱假如木樨花須去其枝蒂及塵垢蟲蟻用磁罐一層茶一層花投間至滿紙箬縶固入鍋重湯煮之取出待冷用紙封裹置火上焙乾收用諸花倣此

煎茶四要

一擇水

凡水泉不甘能損茶味之嚴故古人擇水最爲切要山水上江水次井水下山水乳泉漫流者爲上瀑湧湍激勿食食久令人有頸疾江水取去人遠者井水取汲多者如蟹黃混濁鹹苦者皆勿用

二洗茶

凡烹茶先以熱湯洗茶葉去其塵垢冷氣烹之則美

三候湯

凡茶須緩火炙活火煎活火謂炭火之有焰者當使湯無妄沸庶可養茶始則魚目散布微微有聲中則四邊泉湧纍纍連珠終則騰波鼓浪水氣全消謂之老湯三沸之法非活火不能成也

凡茶少湯多則雲脚散湯少茶多則乳面聚

四擇品

凡瓶要小者易候湯又點茶注湯有應若瓶大

啜存停久味過則不佳矣茶銚茶瓶銀錫爲上

瓷石次之

茶色白宜黑盞建安所造者紺黑紋如兔毫其坯微厚熁之火熱難冷最爲要用出他處者或薄或色異皆不及也

點茶三要

一滌器

茶瓶茶盞茶匙生鉎音星致損茶味必須先時洗潔則美

二熁盞

凡點茶先須熁盞令熱則茶面聚乳冷則茶色不浮

三擇果

茶有真香有佳味有正色烹點之際不宜以珍果香草雜之奪其香者松子柑橙杏仁蓮心木香梅花茉莉薔薇木樨之類是也奪其味者牛乳番桃荔枝圓眼水梨枇杷之類是也凡飲佳茶去果方覺清絕雜之則無辨矣若必曰所宜

核桃榛子瓜仁棗仁菱米欖仁栗子雞頭銀杏山藥筍乾芝麻莒蒿萵巨芹菜之類精製或可用也

茶效

人飲眞茶能止渴消食除痰少睡利水道明目益思出本草拾遺除煩去膩人固不可一日無茶然或有忌而不飲每食已輒以濃茶漱口煩膩既去而脾胃自清凡肉之在齒間者得茶漱滌之乃盡消縮不覺脫去不煩刺挑也而齒性便苦

緣此漸堅客蠱毒自已矣然幸用中下茶出蘇文

苦節君像

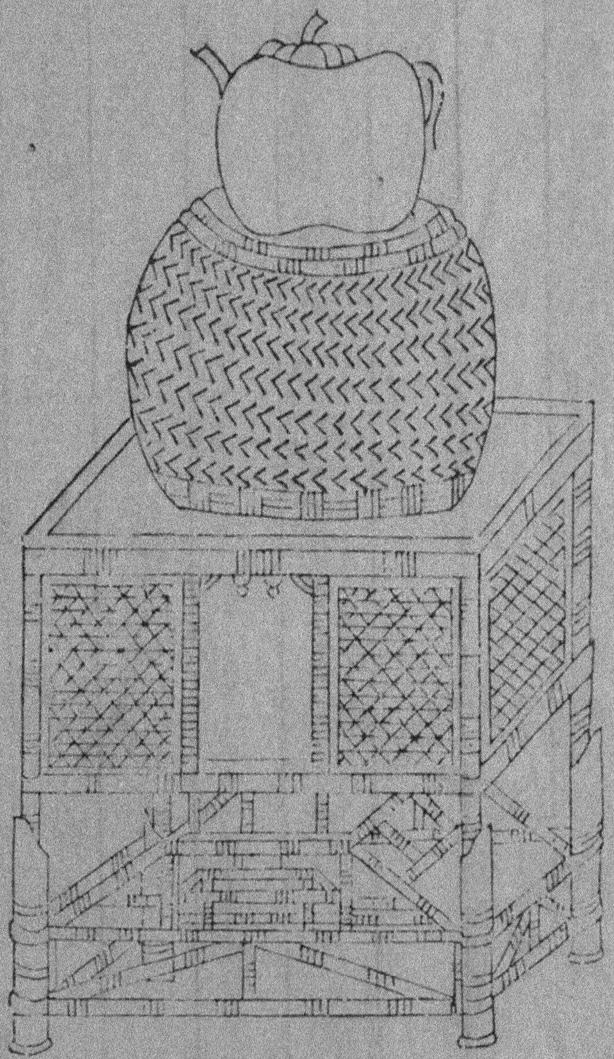

苦節君銘　錫山盛顒著

肖形天地匪冶匪陶心存活火聲帶湘濤一滴

甘露滌我詩腸淸風兩腋洞然八荒

苦節君行省

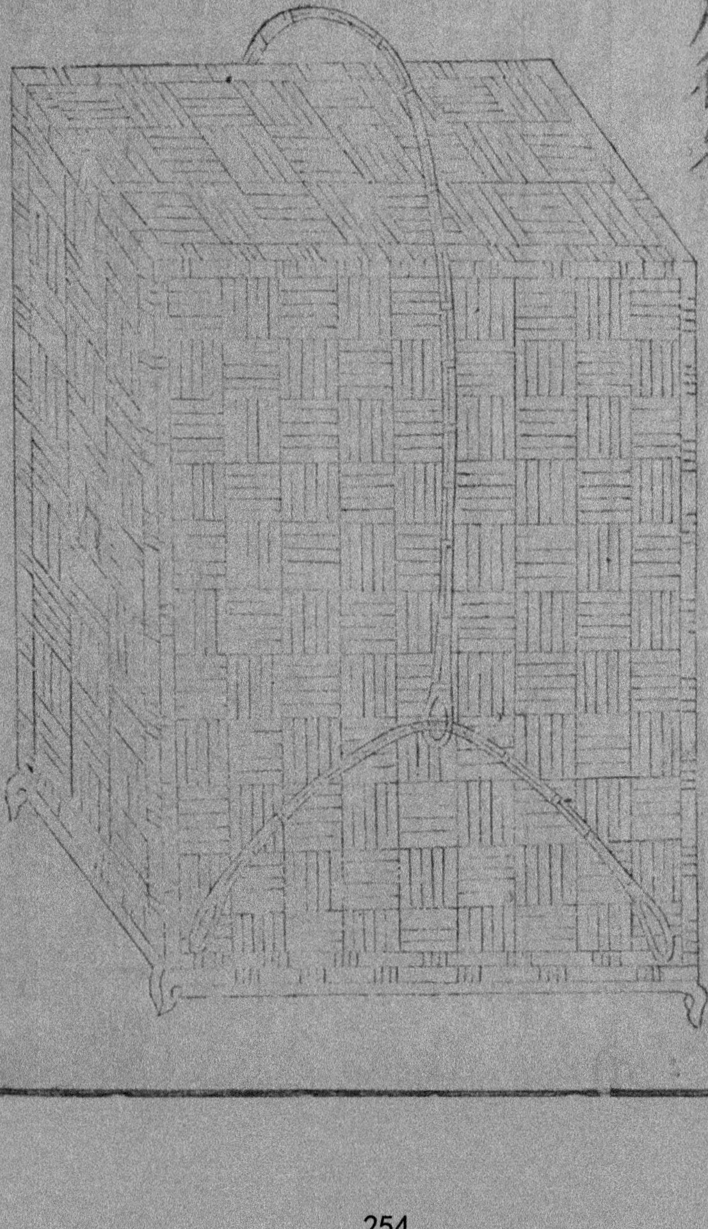

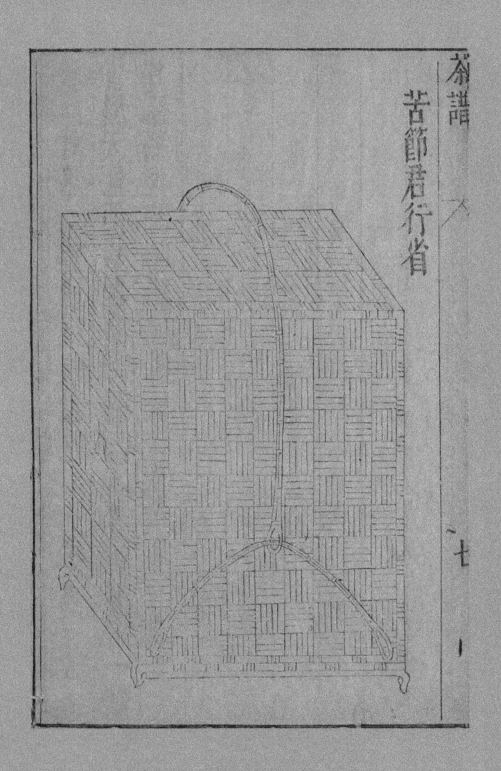

茶具六事分封悉貯於此侍從苦節君于泉石山齋亭館間執事者故以行省名之按茶經有一源二具三造四器五煮六飲七事八出九略十圖之說夫器雖居四不可以不備闕之則九者皆荒而茶廢矣得是以管攝衆器固無一闕况兼以惠麓之泉陽羨之茶烏乎廢哉陸鴻漸所謂都籃者此其足與欵識以湘筠編製因見圖譜故不暇論惠麓茶僊盛虞識　六事分封見後

建城

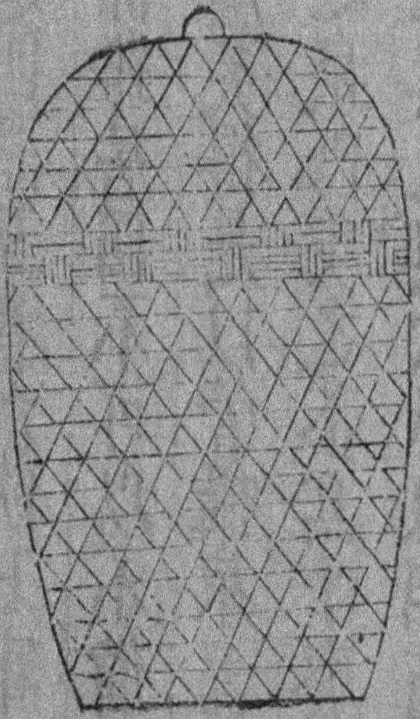

茶宜密裹故以箬籠盛之宜於高閣不宜濕氣恐失真味也古人因以用火依時焙之常如人體溫溫則禦濕潤今稱建城按茶錄云建安民間以茶爲尚故據地以城封之

雲屯

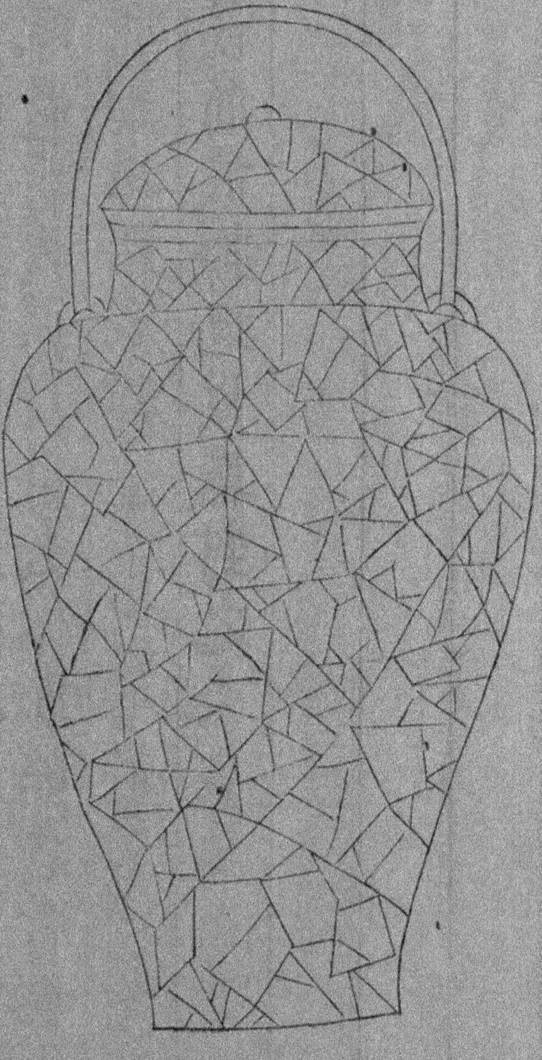

泉汲於雲根取其潔也欲全香液之腴故以石子同貯瓶缶中用供烹煮水泉不甘者能損茶味前世之論必以惠山泉宜之今名雲屯蓋雲即泉也得貯其所雖與列職諸君同事而獨屯於斯豈不清高絕俗而自貴哉

烏府

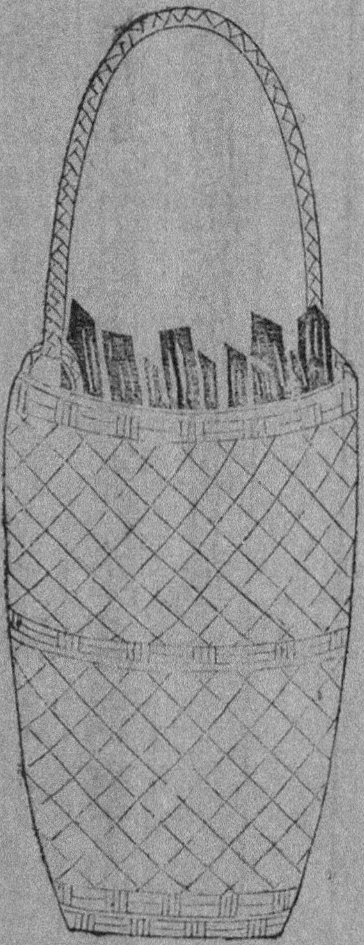

炭之爲物貌玄性剛遇火則威靈氣燄赫然可畏觸之者腐犯之者焦殆猶憲司行部而姦宄無狀者望風自靡苦節君得此甚利於用也況其別號烏銀故特表章其所藏之具曰烏府不亦宜哉

水曹

茶之眞味蘊諸鎗旗之中必浣之以水而後發也既復加之以水投之以泉則陽噓陰噏自然交姤而馨香之氣溢於鼎矣故凡苦節君器物用事之餘未免有殘瀝微垢皆賴水沃盥名其器曰水曹如人之濯於盤水則垢除體潔而有日新之功豈不有關於世教也耶

器局

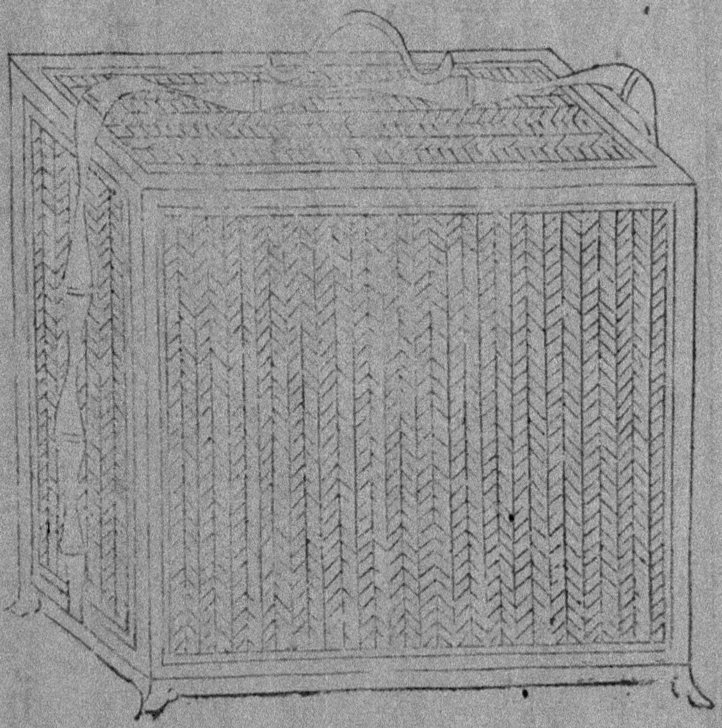

商象（古石鼎也）　歸潔（竹筅箒也）　分盈（杓也即茶經水則每二升計茶一兩）

遞火（銅火斗也）　降紅（銅火箸也）　執權（準茶秤也每茶一兩計水二升）

團風（湘竹扇也）　漉塵（洗茶籃也）　靜沸（竹架即茶經支腹也）

注春（磁壺也）　運鋒（劖果刀也）　甘鈍（木碪墩也）

啜香（建盞也）　撩雲（竹茶匙也）　納敬（竹茶橐也）

受污（拭抹布也）

右茶具十六事收貯於器局供役苦節君者故立名管之蓋欲統歸於一以其素有貞雅操而自能守之也

品司

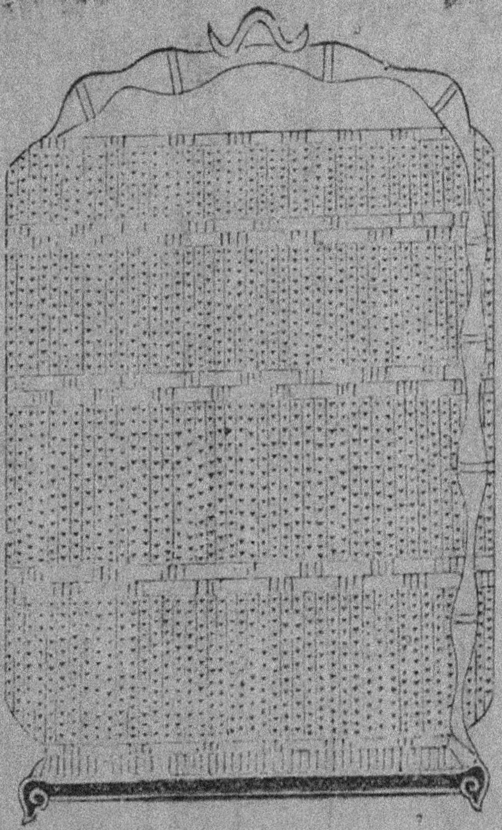

古者茶有品香而入貢者微以龍腦和膏欲助其香反失其真煮而羶鼎腥甌點襍棗橘葱薑奪其眞味者尤甚今茶產於陽羨山中珍重一時煎法又得趙州之傳雖欲啜時入以筍欖瓜仁芹蒿之屬則淸而且佳因命湘君設司檢束而前之所忌眞味者不敢窺其門矣

茶譜終

茶譜後序

大石山人顧元慶不知何許人也久之知爲吾郡王天雨社中友王固博雅好古士也其所交盡當世賢豪非其人雖軒冕黼黻不欲掛眉睫間天雨至晚歲益厭棄市俗乃築室於陽山之陰日惟與顧岳二山人結泉石之盟顧即元慶岳名岱別號漳餘尤善繪事而書法頗出入米南宮吳之隱君子也三人者吾知其二可以卜其一矣今觀所述茶譜苟非泥淖一世者必不

能勉強措一詞吾讀其書亦可以想見其爲人

矣用置案頭以備嘉賞歸安茅一相撰

茶譜後序畢

茶具圖贊序

余性不能飲酒間有客對春苑之葩泛秋湖之月則客未嘗不飲飲未嘗不醉予顧而樂之一染指顏且酡矣兩眸子懵懵然矣而獨耽味於茗清泉白石可以濯五臟之污可以澄心氣之哲服之不已覺兩腋習習清風自生視客之沉酣酩酊久而忘倦庶亦可以相當之嗟乎吾讀醉鄉記未嘗不神遊焉而間與陸鴻漸蔡君謨上下其議則又爽然自釋矣乃書此以博十二

先生一鼓掌云

芝園主人茅一相撰

茶具圖贊序畢

茶具十二先生姓名字號

韋鴻臚　文鼎　景暘　四窗閒叟

木待制　利濟　忘機　隔竹居人

金法曹　研古　元鍇　雍之舊民
　　　　轢古　仲鑑　和琴先生

石轉運　鑿齒　遄行　香屋隱居

胡員外　惟一　宗許　貯月僊翁

羅樞密　若藥　傳師　思隱寮長

宗從事　子弗　不遺　掃雲溪友

漆雕秘閣　承之　易持　古臺老人

陶寶文　去越　自厚　兎園上客

湯提點　發新　一鳴　温谷遺老

竺副帥　善調　希默　雪濤公子

司職方　成式　如素　潔齋居士

咸淳己巳五月夏至後五日審安老人書

韋鴻臚

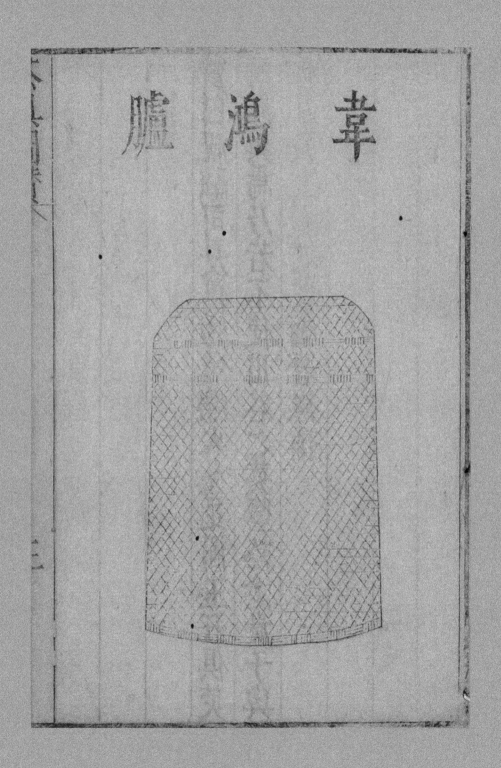

贊曰祝融司夏萬物焦爍火炎昆岡玉石俱焚

爾無與焉乃若不使山谷之英墮於塗炭子與

有力矣上卿之號顯著徽稱

木待制

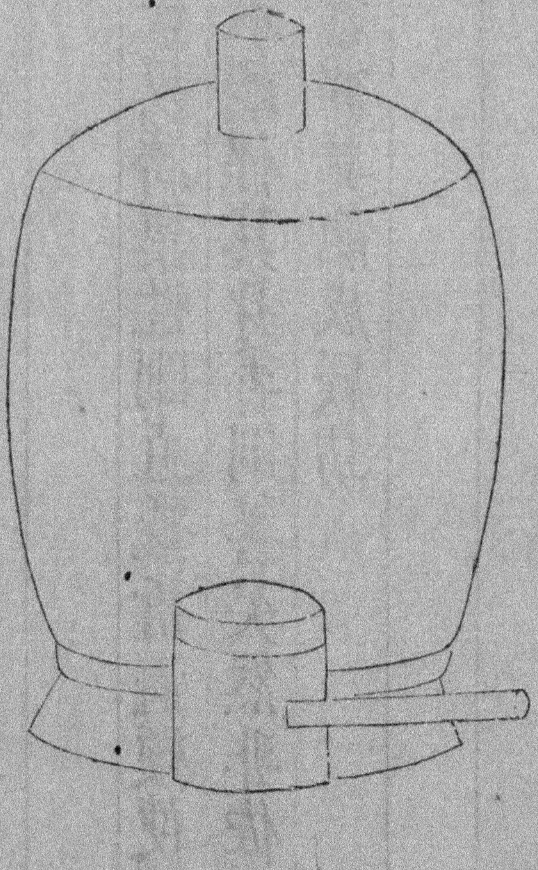

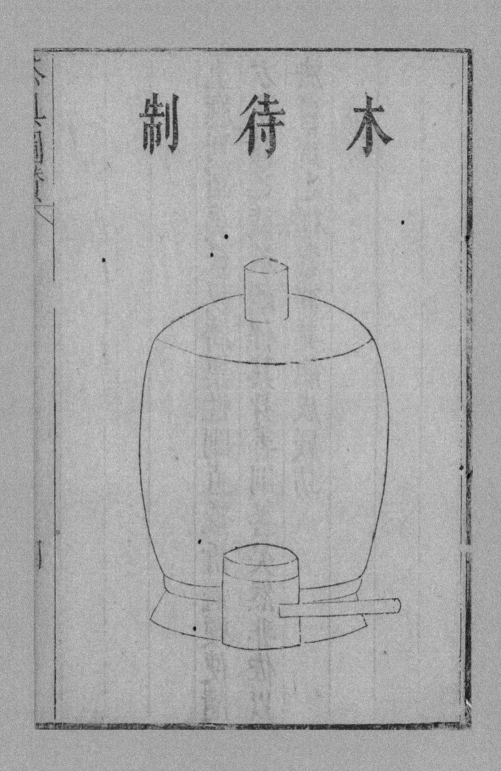

上應列宿萬民以濟禀性剛直摧折彊梗使隨
方逐圓之徒不能保其身善則善矣然非佐以
法曹資之樞密亦莫能成厥功

金法曾

柔亦不茹剛亦不吐圓機運用一皆有法使強
梗者不得殊軌亂轍豈不韙與

石轉運

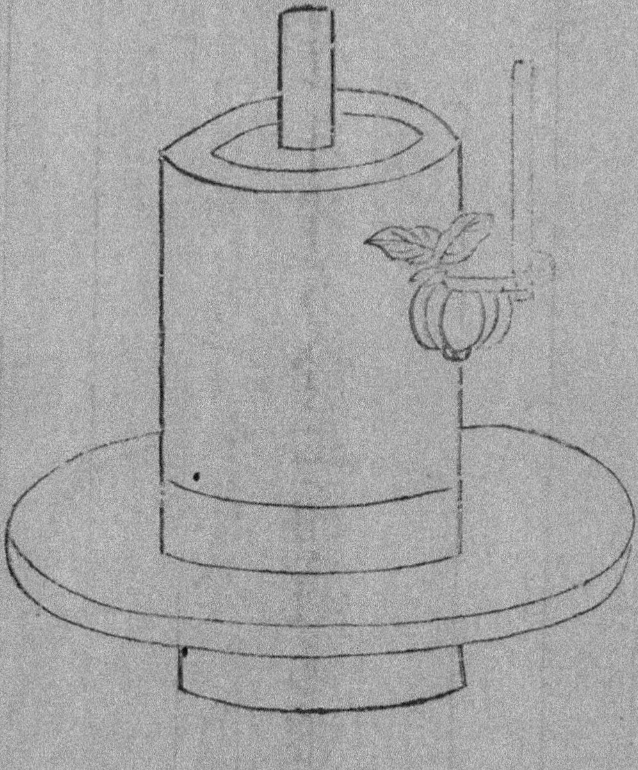

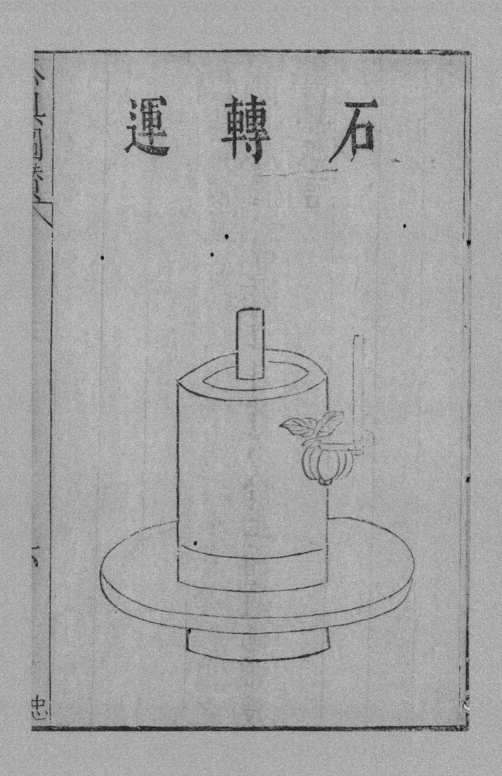

抱堅質懷直　心嚌嚅英華周行不怠斡摘山之
利操漕權之重循環自常不捨正而適他雖沒
齒無怨言

胡員外

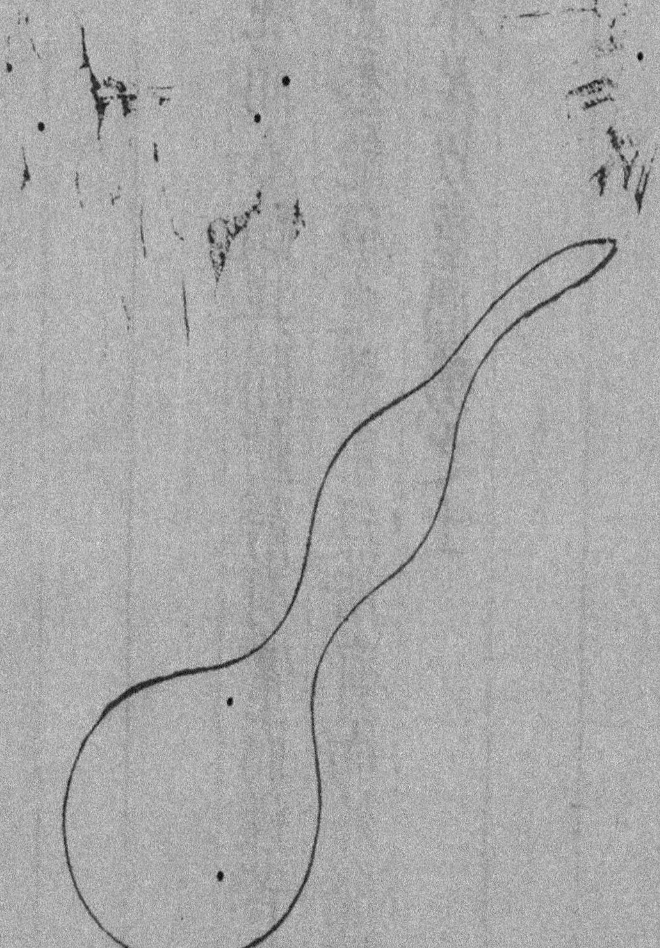

周旋中規而不踰其間動靜有常而性苦其卓
鬱結之患悉能破之雖中無所有而外能研究
其精微不足以望圓機之士

羅樞寄

機事不密則害成今高者抑之下者揚之使精粗不致於混淆人其難諸柰何矜細行而事諠譁惜之

宗從事

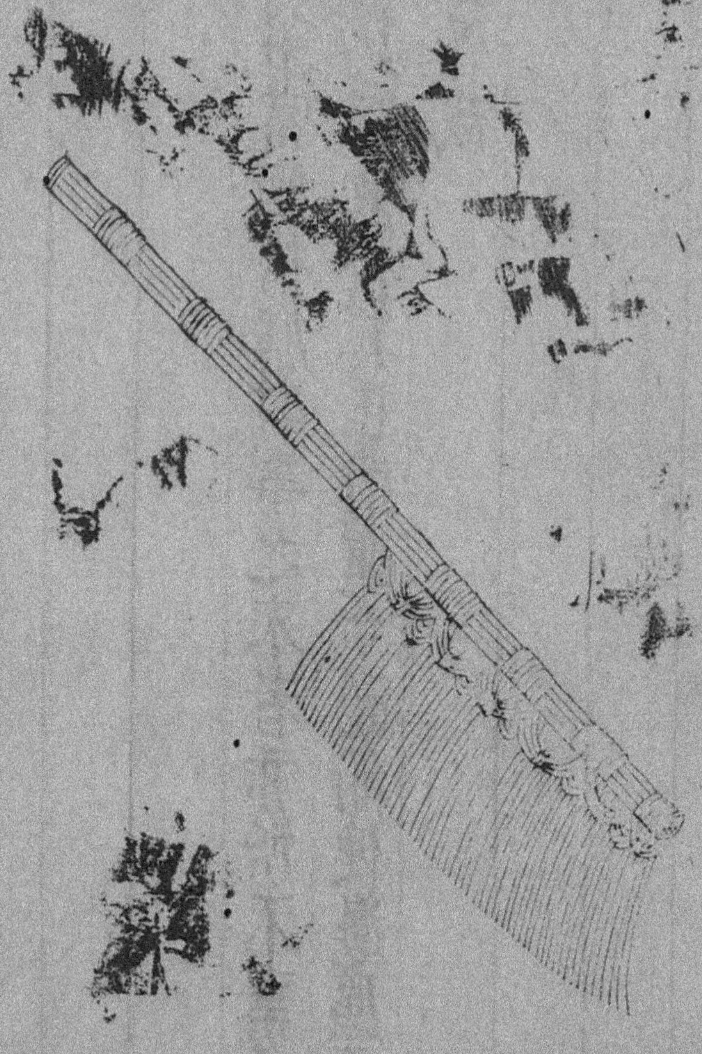

孔門高第當洒掃應對事之末者亦所不棄又況能萃其既散拾其已遺運寸毫而使邊塵不飛功亦善哉

漆雕秘閣

出河濱而無苦窳經緯之象剛柔之理炳其弸
中虛己待物不飾外貌位高秘閣宜無愧焉

陶寶文

危而不持顛而不扶則吾斯之未能信以其强
執熱之患無㘭堂之覆故宜輔以寶文而親近
君子

湯提點

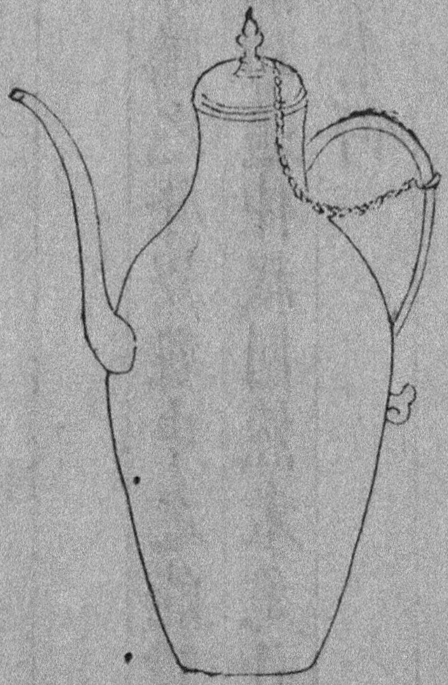

養浩然之氣發沸騰之聲以執中之能輔成湯之德斟酌賓主間功邁仲叔圉然未免外爍之憂復有内熱之患柰何

叄副帥

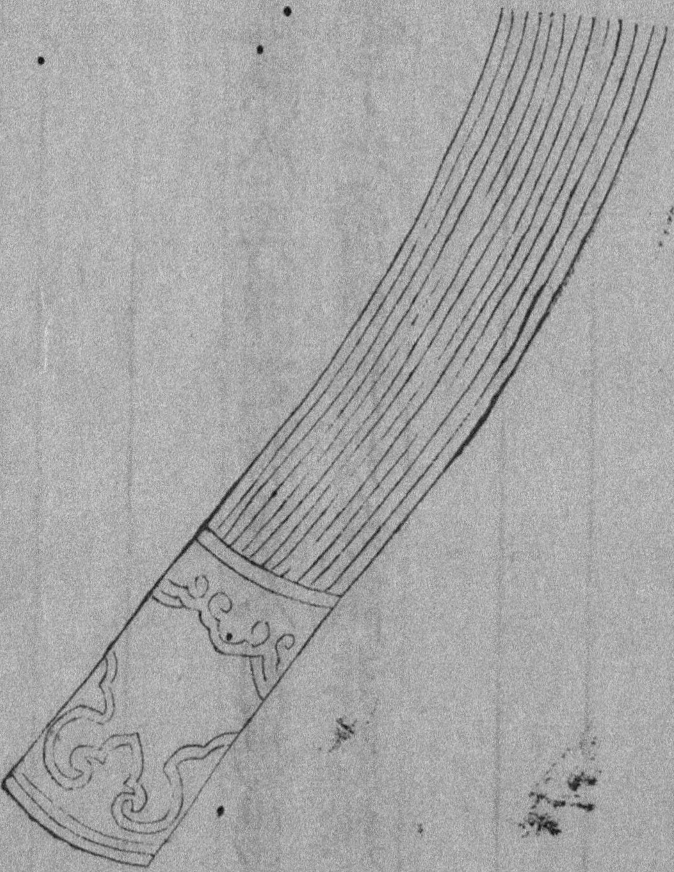

首陽餓夫毅諫於兵沸之時方今粵鬥揚湯能探其沸者幾希子之清節獨以身試非臨難不顧者疇見爾

司職方

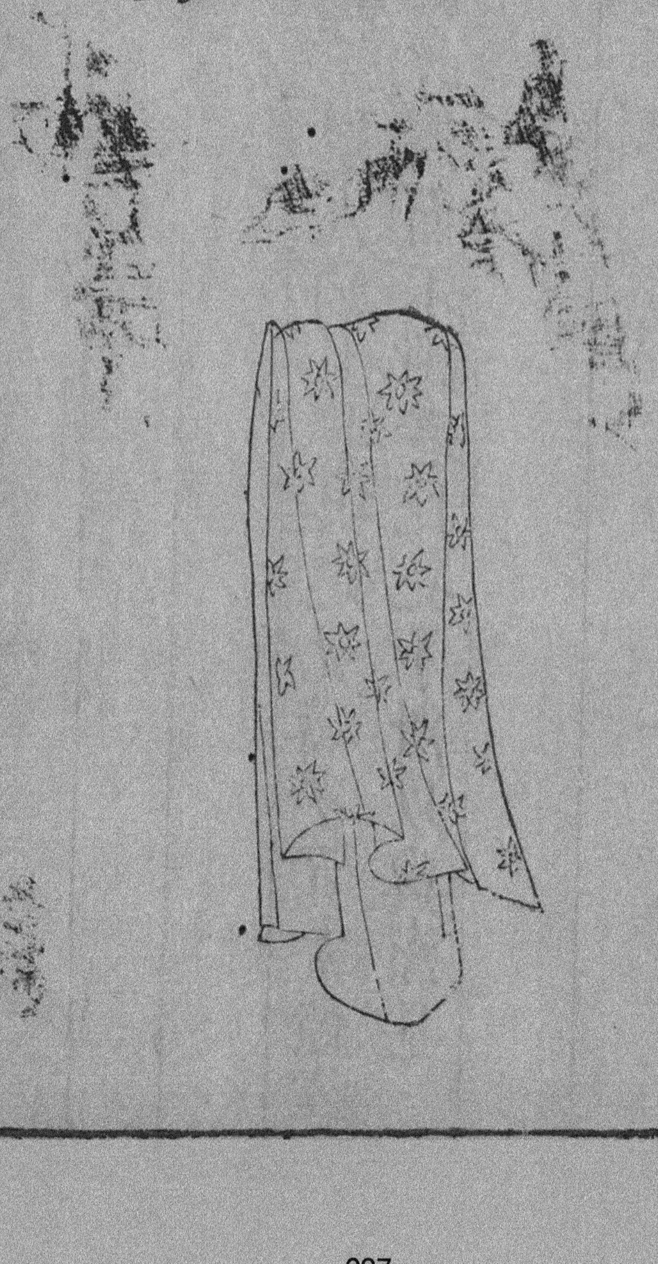

互鄉童子聖人猶且與其進況端方質素經緯有理終身涅而不緇者此孔子所以與潔也

茶具圖贊終

茶具圖贊後序

飲之用必先茶而茶不見於禹貢蓋全民用而不爲利後世榷茶立爲制非古聖意也陸鴻漸著茶經蔡君謨著茶譜孟諫議寄盧玉川三百月團後侈至龍鳳之飾責當備於君謨制茶必有其具錫具姓而繫名寵以爵加以號季宋之彌文然清逸高遠上通王公下逮林野亦雅道也贊法遷固經世康國斯焉攸寓乃所願與十二先生周旋甞山泉極品以終身此閑富貴也

天豈靳乎哉野航道人長洲朱存理題

茶具圖贊後序畢

茶寮記

明華亭陸樹聲著

雲間陸樹聲

園居敞小寮於嘯軒埤垣之西中設茶竈凡瓢汲罌注濯拂之具咸庀擇一人稍通茗事者主之一人佐炊汲客至則茶烟隱隱起竹外其禪客過從予者每與余相對結跏趺坐啜茗汁舉無生話終南僧明亮者近從天池來餉余天池苦茶授余烹點法甚細余嘗受其法於陽羨士人大率先火候其次候湯所謂蟹眼魚目參沸

沫沉浮以驗生熟者法皆同而僧所烹點絕味清乳面不黟是具入清淨味中三昧者要之此一味非眠雲跂石人未易領略余方違俗雅意禪棲安知不因是遂悟入趙州耶時杪秋既望適園無諍居士與五臺僧演鎮終南僧明亮同試天池茶於茶寮中謾記

寮記本文 茶七類別書

煎茶七類

山陰徐渭

一人品

煎茶非漫浪要須其人與茶品相得故其法每

傳於高流隱逸有雲霞石泉磊塊胸次間者

二品泉

泉品以山水爲上次江水井水次之井取汲多者汲多則水活然須旋汲旋烹汲久宿貯者味減鮮冽

三烹點

煎用活火候湯眼鱗鱗起沫餑鼓泛投茗器中初入湯少許俟湯茗相投卽滿注雲脚漸開乳花浮面則味全盖古茶用團餅碾屑味易出葉

茶驟則乏味過熟則味昏底滯

四嘗茶

茶入口先灌漱須徐啜俟甘津潮舌則得真味雜他果則香味俱奪

五茶候

涼臺靜室明窗曲几僧寮道院松風竹月晏坐行吟清譚把卷

六茶侶

翰卿墨客緇流羽士逸老散人或軒冕之徒超

軼世味者

七茶勳

除煩雪滯滌酲破睡譚渴書倦是時茗椀策勳不減淩烟

茶寮記終

荈茗錄

宋幽國陶穀清臣著

龍坡山子茶

開寶中竇儀以新茶飲予味極美奩面標云龍坡山子茶龍坡是顧渚之别境

聖楊花

吳僧梵川誓願然頂供養雙林傳大士自往蒙頂采茶凡三年味方全美得絕佳者聖楊花吉祥蕊共不踰五斤持歸供獻

湯社

和凝在朝率同列遞日以茶相飲味劣者有罰號爲湯社

縷金耐重兒

有得建州茶膏作取耐重兒八枚膠以金縷獻于閩王曦遇通文之禍爲內侍所盜轉遺貴臣

乳妖

吳僧文了善烹茶游荆南高保勉伯子季興延置紫雲庵日試其藝保勉父子呼爲湯神奏授

華定水大[redacted]上人目曰乳妖

清人樹

僞閩甘露堂前兩株茶鬱茂婆娑宮人呼爲清人樹每春初嬪嬙戲摘采新芽堂中設傾筐會

玉蟬膏

顯德初大理徐恪見貽鄉信鋌子茶茶面印文曰玉蟬膏一種曰清風使恪建人也

森伯

湯悅有森伯頌蓋茶也方飲而森然嚴乎齒牙

既久四肢森然二義一名非熟夫湯甌境界者誰能目之

水豹囊

豹革爲囊風神呼吸之具也煮茶啜之可以滌滯思而起清風每引此義稱茶爲水豹囊

不夜侯

胡嶠飛龍澗飲茶詩曰沾牙舊姓餘甘氏破睡當封不夜侯奇哉嶠宿學雄才未達爲耶律德光所虜北去後間道復歸

鷄蘇佛

猶子彝年十二歲予讀胡嶠茶詩愛其新奇因令傚法之近脫成篇有云生凉好喚鷄蘇佛回味宜稱橄欖仙然彝亦文詞之有基址者也

冷面草

符昭遠不喜茶嘗爲御史同列會茶嘆曰此物面目嚴冷了無和美之態可謂冷面草也飯餘嚼佛眼芎以甘菊湯送之亦可爽神

晚甘侯

孫樵送茶與焦刑部書云晚甘侯十五人遣侍齋閤此徒皆請雷而摘拜水而和蓋建陽丹山碧水之鄉月澗雲龕之品愼勿賤用之

生成盞

饌茶而幻出物象于湯面者茶匠通神之藝也沙門福全生於金鄉長於茶海能注湯幻茶成一句詩並點四甌共一絕句泛乎湯表小小物類唾手辦耳檀越日造門求觀湯戲全自咏曰生成盞裏水丹青巧畫工夫學不成却笑當時

陸鴻漸煎茶贏得好名聲

茶百戲

茶至唐始盛近世有下湯運匕別施妙訣使湯紋水脈成物象者禽獸蟲魚花草之屬纖巧如畫但須臾卽就散滅此茶之變也時人謂茶百戲

漏影春

漏影春法用鏤紙貼盞糝茶而去紙僞爲花身別以荔肉爲葉松實鴨脚之類彌物爲蕊沸湯

點攬

甘草癖

宣城何子華邀客于剖金堂慶新橙酒半出嘉陽嚴峻畫陸鴻漸像子華因言前世惑駿逸者為馬癖泥貫索者為錢癖耽於子息者為譽兒癖耽於褒貶者為左癖傳若此叟者溺於茗事將何以名其癖楊粹仲曰茶至珍蓋未離乎草也草中之甘無出茶上者宜追目陸氏為甘草癖坐客曰允矣哉

苦口師

皮先業最躭茗事一日中表請嘗新柑筵具殊豐簪紱叢集纔至未顧尊罍呼茶甚急徑進一巨甌題詩曰未見甘心氏先迎苦口師衆噱曰此師固清高難以療饑也

荈茗錄終

茶書

五、六

茶書

五

煎茶水記 鄭
水品湯品 鄭
茶話 鄭

煎茶水記

唐江州刺史張又新撰

故刑部侍郎劉公諱伯芻於又新丈人行也爲學精博頗有風鑒稱較水之與茶宜者凡七等

揚子江南零水第一

無錫惠山寺石水第二

蘇州虎丘寺石水第三

丹陽縣觀音寺水第四

揚州大明寺水第五

吳松江水第六

淮水最下第七

斯七水余嘗俱瓶於舟中親挹而比之誠如其說也客有熟於兩浙者言搜訪未盡余嘗志之及刺永嘉過桐廬江至嚴子瀨溪色至清水味甚冷家人輩用陳黒壞茶潑之皆至芳香又以煎佳茶不可名其鮮馥也又愈於揚子南零殊遠及至永嘉取仙巖瀑布用之亦不下南零以是知客之說誠哉信矣夫顯理鑒物今之人信

不逮於古人蓋亦有古人所未知而今人能知之者元和九年春予初成名與同年生期于薦福寺余與李德垂先至憩西廂玄鑒室會適有楚僧至置囊有數編書余偶抽一通覽焉文細密皆雜記卷末又一題云煮茶記云代宗朝李季卿刺湖州至維揚逢陸處士鴻漸李素熟陸名有傾蓋之懽因之赴郡抵揚子驛將食李曰陸君善于茶蓋天下聞名矣況揚子南零水又殊絕今日二妙千載一遇可曠之乎命軍士謹

信者挈瓶造舟親詣南零陸利器以俟之俄水至陸以杓揚其水曰江則江矣非南零者似臨岸之水使曰某櫂舟深入見者累百敢虛紿乎陸不言既而傾諸盆至半陸遽止之又以杓揚之曰自此南零者矣使蹶然大駭馳下曰某自南零齎至岸舟蕩覆半懼其尠挹岸水增之處士之鑒神鑒也其敢隱焉李與賓從數十人皆大駭愕李因問陸既如是所經歷處之水優劣精可判矣陸曰楚水第一晉水最下李因命筆

口授而次第之

廬山康王谷水簾水第一

無錫縣惠山寺石泉水第二

蘄州蘭溪石下水第三

峽州扇子山下有石突然洩水獨清冷狀如龜形俗云蝦蟇口水第四

蘇州虎丘寺石泉水第五

廬山招賢寺下方橋潭水第六

揚子江南零水第七

洪州西山西東瀑布水第八

唐州北岩縣淮水源第九（淮水亦佳）

廬州龍池山顧（疑嶺）水第十

丹陽縣觀音寺水第十一

揚州大明寺水第十二

漢江金州上游中零水第十三（水苦）

歸州玉虛洞下香溪水第十四

商州武關西洛水第十五（未嘗泥）

吳松江水第十六

天台山西南峰千丈瀑布水第十七

郴州圓泉水第十八

桐廬嚴陵灘水第十九

雪水第二十 用雪不可太冷

此二十水余嘗試之非繫茶之精麄過此不之知也夫茶烹於所產處無不佳也蓋水土之宜離其處水功其半然善烹潔器全其功也李真（疑賓）諸笥焉（疑司馬）遇有言（疑封）茶者郎示之又新（疑茶字衍）刺九江有客李滂門生劉魯風言嘗見說余醒然思往歲僧

室獲是書因盡篋書在焉古人云瀉水置瓶中焉能辨淄澠此言必不可判也萬古以爲信然盖不疑矣豈知天下之理未可言至古人研精固有未盡強學君子孜孜不懈豈止思齊而已哉此言亦有裨於勸誘勉故記之

述煮茶泉品　葉清臣

夫渭黍汾麻泉源之異稟江橘淮枳土地之或遷誠物類之有宜亦臭味之相感也若乃擷華掇秀多識草木之名激濁揚清能辨淄澠之品

斯固好事之嘉尚博識之精鑒自非嘯傲塵表
逍遥林下樂追王濛之約不敗陸訥之風其孰
能與於此乎吳楚山谷間氣清地靈若後頴挺
多孕茶荈爲人採拾大率右於武夷者爲白乳
甲於吳興者爲紫筍產禹穴者以天章顯茂錢
塘者以徑山稀至於續廬之巖雲衢之麓鴉山
重於歙蒙頂傳於岷蜀角立差勝毛舉是繁然
而天賦尤異性靡受和苟制非其妙烹失於術
雖先雷而嬴未雨而擷蒸焙以圖造作以經而

正

泉不香水不甘爨之揚之若淤若滓予少得溫氏所著茶說嘗識其水泉之目有二十焉會西走巴蜀經蝦蟇窟北憩蕪城汲蜀崗井東遊故都挹揚子江留丹陽酌觀音泉過無錫斟惠山水粉槍朱旗蘇蘭薪桂且鼎且缶以飲以歠莫不淪氣滌慮蠲病析酲祛鄙悋之生心招神明而還觀信乎物類之得宜臭味之所感幽人之佳尚前賢之精鑒不可及已噫紫華綠英均一草也清瀾素波均一水也皆忘情於庶彚或求

伸於知己不然者蒙薄之莽溝瀆之流亦奚以異哉　遊鹿故宮依蓮盛府一命受職再期服勞而虎丘之觱沸松江之清泚復在封畛居然挹注是嘗所得於鴻漸之目二十而七也昔酈元善於水經而未嘗知茶王肅癖於茗飲而言不及水表是二美吾無愧焉凡泉品二十列於右幅且使盡神方之四兩遂成奇功代酒限於七升無忘真賞云爾南陽葉清臣述泉品二十見張又新水經

大明水記

歐陽脩

世傳陸羽茶經其論水云山水上江水次井水下又云山水乳泉石池漫流者上瀑湧湍漱勿食食久令人有頸疾江水取去人遠者井取汲多者其說止於此而未嘗品第天下之水味也至張又新爲煎茶水記始云劉伯芻謂水之宜茶者有七等又載羽爲李季卿論水次第有二十種今考二說與羽茶經皆不合羽謂山水上而乳泉石池又上江水次而井水下伯芻以揚子江爲第一惠山石泉爲第二虎丘石井爲第

三丹陽寺井爲第四楊州大明寺井第五而松江第六淮水第七與羽説皆相反季卿所説二十水廬山康王谷水第一無錫惠山石泉第二蘄州蘭溪石下水第三扇子峽蝦蟇口水第四虎丘寺井水第五廬山招賢寺下方橋潭水第六楊子江南零水第七洪州西山瀑布第八桐栢淮源第九廬州龍池山頂水第十丹陽寺井第十一楊州大明寺井第十二漢江中零水第十三玉虛洞香溪水第十四武關西洛水第十

五松江十六天台千丈瀑布十七郴州圓泉十
八嚴陵灘水十九雪水二十如蝦蟇口水西山
瀑布天台千丈瀑布皆羽戒人勿食食而生疾
其餘江水居山水上井水居江水下皆與茶經
相反疑羽不當二說以自異使誠羽說何足信
也得非又新妄附益之耶其述羽辨南零岸水
特恠其妄也山水味有美惡而已欲舉天下之
水一二而次第之者妄說也故其爲說前後不
同如此然此井於楊水之美者也羽之論水惡

渟瀁而喜泉源故井取汲多者江雖長流然衆水雜聚故次山水惟此説近物理云

浮槎山水記　歐陽脩

浮槎山在慎縣南三十五里或曰浮寘二山其事出於浮圖老子之徒荒怪誕幻之説其上有泉自前世論水者皆弗道余嘗讀茶經愛陸羽善言水後得張又新水記載劉伯芻李季卿所列水次第以爲得之於羽然以茶經考之皆不合又新妄狂險譎之士其言難信頗疑非羽之

説及得浮槎山水然後益知羽爲知水者浮槎與龍池山皆在廬州界中較其味不及浮槎遠甚而又新所記以龍池爲第十浮槎之水棄而不録以此知其所失多矣羽則不然其論曰山水上江次之井爲下山水乳泉石池漫流者上其言雖簡而於論水盡矣浮槎之水發自李侯嘉祐三年李侯鎮東留後出守廬州因遊金陵登蔣山飲其水又登浮槎至其山上有石池涓涓可愛蓋羽所謂乳泉漫流者也飲之則甘乃

考圖記問故老得其事迹因以其水遺余於京
師余報之曰李侯可謂賢矣盡窮天下之物無
不得其欲者富貴之樂也至於蔭長松藉豐草
聽山溜之潺湲飲石泉之滴瀝此山林者之樂
也而山林之士視天下之樂不一動其心或有
欲於心顧力不可得而止者乃能退而獲樂於
斯彼富貴者之能致物矣而其不可兼者惟山
林之樂爾惟李侯生長富貴厭於耳目又知山
林之為樂至於攀緣上下幽隱窮絶人所不及

者皆能得之其兼取於物者可謂多矣李侯折節好學善交賢士敏於爲政所至有能名凡物不能自見而待人以彰者有矣其物未必可貴而因人以重者有矣故予爲誌其事俾世知其泉發自李侯始也

煎茶水記

水品序

余嘗著煮泉小品其取裁于鴻漸茶經者十有三每閱一過則塵吻生津自謂可以忘渴也近遊吳興會徐伯臣示水品其旨契余者十有三緬視又新永叔諸篇更入神矣盖水之美惡固不待易牙之口而自可辨若必欲一一第其甲乙則非盡聚天下之水而品之亦不能無爽也況斯地也茶泉雙絕且桑苧翁作之于前長谷翁述之于後豈偶然耶攜歸并梓之以完泉史

嘉靖甲寅秋七月七日錢唐田藝蘅題

水品目錄上卷

水品目錄下卷

上池水

玉井

酈縣北潭水

金陵八功德水

句曲喜客泉

王屋玉泉

泰山諸泉

華山涼水泉

終南山澂源池

京師西山玉泉
偃師甘露泉
林慮山水簾
蘇門山百泉
濟南諸泉
廬山康王谷水
楊子中冷水
無錫惠山泉
洪州噴霧崖瀑

萬縣西山泡泉

瀧川

鴈蕩龍鼻泉

天目山潭水

吳興白雲泉

顧渚金沙泉

碧林池

四明雪竇上岩水

天台桐栢宮水

黃岩香泉

黃岩鐵篩泉

麻姑山神功泉

樂清沐簫泉

福州南臺泉

桐廬嚴子瀨

姑蘇七寶泉

宜興三洞水

華亭五色泉

水品目錄終

水品卷上

明雲間徐獻忠著

一源

或問山下出泉曰艮一陽在上二陰在下陽騰爲雲氣陰注液爲泉此理也二陰本空洞處空洞出泉亦理也山中本自有水脉洞壑通貫而無水脉則通氣爲風

山深厚者若大者氣盛麗者必出佳泉水山雖雄大而氣不清越山觀不秀雖有流泉不佳

也

源泉實關氣候之盈縮故其發有時而不常常

而不涸者必雄長于群崪而深源之發也

泉可食者不但山觀清華而草木亦秀美僊靈

之都薄也

瀑布水雖盛至不可食汛激撼盪水味已大變

失眞性矣瀑字從水從暴盖有深義也予嘗

攬瀑水上源皆派流會合處出口有峻壁始

垂掛爲瀑未有單源隻流如此者源多則流

雜非佳品可知

瀑水垂洞口者其名曰簾指其狀也如康王谷水是也

瀑水雖不可食流至下潭渟匯久者復與瀑處不類

深山窮谷類有蛟蛇毒沫凡流來遠者須察之春夏之交蛟蛇相感其精沫多在流中食其清源或可爾不食更穩

泉出沙土中者其氣盛涌或其下空洞通海脉

此非佳水

山東諸泉類多出沙土中有涌激吼怒如趵突泉是也趵突水久食生頸癭其氣大濁

汝州水泉食之多生癭驗其水底凝濁如膠氣不清越乃至此聞蘭州亦然

濟南王府有名珍珠泉者不待拊掌振足自浮爲珠然氣太盛恐亦不可食

山東諸泉海氣太盛漕河之利取給于此然可食者少故有聞名甘露淘米茶泉者殆其可

食也若洗鉢不過賤用爾其臭泉皂泥泉濁河等泉太甚不可食矣

傳記論泉源有杞菊能壽人今山中松苓雲母流脂伏液與流泉同宮豈下杞菊浮世以厚味奪眞氣日用之不自覺爾昔之飲杞水而壽蜀道漸通外取醯鹽食之其壽漸減此可證

水泉初發處甚澹發于山之外麓者以漸而甘流至海則自甘而作鹹矣故汲者持久水味

亦變

閩廣山嵐有熱毒多發于花草水石之間如南靖沄水坑多斷腸草落英在溪十里內無魚鰕之類黃岩人顧永主簿立石水次戒人勿飲天台蔡霞山為省齋時有語云大雨勿飲溪道傍休嗅草此皆仁人用心也

水以乳液為上乳液必甘稱之獨重于他水凡稱之重厚者必乳泉也丙穴魚以食乳液特佳煮茶稍久上生衣而釀酒大益水流千里

者其性亦重其能煉雲母爲膏靈長下注之流也

水源有龍處水中時有赤脉蓋其涎也不可犯晉溫嶠燃犀照水爲神所怒可證

二清

泉有滯流積垢或霧翳雲蓊有不見底者大惡若泠谷澄華性氣清潤必涵內光澄物影斯上品爾

山氣幽寂不近人村落泉源必清潤可食

骨石巉巇而外觀青蒼此泉之上母也若上多

而石少者無泉或有泉而不清無不然者

春夏之交其水盛至不但蛟蛇毒沫可慮山墟

積腐經冬月者多流出其間不能無毒雨後

澄寂久斯可言水也

泉上不宜有木吐葉落英悉爲腐積其幻爲滚

水垂旋轉吐納亦能敗泉

泉有滓濁須滌去之但爲覆屋作人巧者非丘

壑本意

湘中記曰湘水至清雖深五六丈見底了了石子如樗蒲矢五色鮮明白沙如霜雪赤岸如朝霞此異境又別有說

三流

水泉雖清映甘寒可愛不出流者非源泉也雨澤滲積久而澄寂爾

易謂山澤通氣山之氣待澤而通澤之氣待流而通

老子谷神不死殊有深義源泉發處亦有谷神

而混混不舍晝夜所謂不死者也

源氣盛大則注液不窮陸處士品山水上江水中井水下其謂中理然井水渟泓地中陰脉非若山泉天然出也服之中聚易滿煮藥物不能發散流通忌之可也異苑載句容縣季子廟前井水常沸涌此當是泉源止深鑿爲井爾

水記苐虎丘石水居三石水雖泓渟皆雨澤之積滲竇之潢也虎丘爲闔閭墓隧當時石工

多鬬死山僧衆多家常不能無穢濁滲入雖名陸羽泉與此粉通非天然水脉也道家服食忌與尸氣近若暑月憑臨其上解滌煩襟可也

四甘

泉品以甘爲上幽谷紺寒清越者類出甘泉又必山林深厚盛麗外流雖近而内源遠者

泉甘者試稱之必重厚其所由來者遠大使然也江中南零水自岷江發流數千里始澄于

兩石間其性亦重厚故甘也

古稱醴泉非常出者一時和氣所發與甘露芝草同為瑞應禮緯云王者刑殺當罪賞錫當功得禮之宜則醴泉出于闕庭鶡冠子曰聖王子德上薄太清下及太寧中及萬靈則醴泉出光武中元元年醴泉出京師唐文皇貞觀初出西域之陰醴泉食之令人壽考和氣暢達宜有所然

泉上不宜有惡木木受雨露傳氣下注善變泉

味況根株近泉傳氣尤速雖有甘泉不能自美猶童蒙之性係于所習養也

五寒

泉水不絀寒俱下品易謂井列寒泉食可見井泉以寒爲上金山在華亭海上有寒穴諸咏其勝者見郡誌廣中新城縣冷泉如冰此皆其尤也然凡稱泉者未有舍寒列而著者

溫湯在處有之博物志水源有石硫黃其泉溫可療瘡痍此非食品也黃庭內景湯谷神王

乃內景自然之陽神與地道溫湯相耀列爾
于嘗有水頌云景丹霄之浩露眷幽谷之浮華
瓊醴庶以消憂玄津抱而終老蓋指甘寒也
泉水甘寒者多香其氣類相從爾凡草木敗泉
味者不可求其香也

六品

陸處士品水據其所嘗試者二十水爾非謂天
下佳泉水盡于此也然其論故有失得自予
所至者如虎丘石水及二瀑水皆非至品其

論雪水亦自至地者不知長桑君上池品故
在凡水上其取吳松江水故惘惘非可信吳
松潮汐上下故無潴泓若南泠在二石間也
潮海性滓濁豈待試哉或謂是吳江第四橋
水茲又震澤東注非吳松江水也予甞就長
橋試之雖清激處亦腐穢作土氣全不入品
皆過言也
張又新記淮水亦在品列淮故湍悍滓濁通海
氣自昔不可食今與河合派又水之大幻也

李記以唐州栢岩縣淮水源庶矣

陸處士能辨近岸水非南零非無旨也南零洄洑淵渟清激重厚臨岸故常流水爾且混濁迥異嘗以二器貯之自見昔人且能辨建業城下水况零岸故清濁易辨此非誕也歐陽脩大明水記直病之不甚詳悟爾

處士云山水上江水中井水下其山水揀乳泉石池慢流者上其瀑湧湍漱勿食之久食令人頸疾又多別流于山谷者澄浸不洩自火

天至霜郊以前或潛龍蓄毒其間飲者可決之以流其惡使新泉涓涓酌之此論至確但瀑水不但頸疾故多毒沫可慮其云澄寂不洩是龍潭水此雖出其惡亦不可食

論江水取去人遠者亦確井取汲多者止自之泉處可爾并故非品

處士所品可據及不能盡試者并列

蘄州蘭溪石下水

峽州扇子山下有石突然洩水獨清冷狀如

龜形俗云蝦蟆口水

廬山招賢寺下方橋潭水

洪州西山東瀑布水

廬州龍池山水

漢江金州上游中零水

歸州玉虛洞下香溪水

商州武關西洛水

郴州圓泉水

七雜說

移泉水遠去信宿之後便非佳液法取泉中子
石養之味可無變
移泉須用常汲舊器無火氣變味者更須有容
量外氣不干
東坡洗水法直戲論爾豈有汲泉持久可以子
石淋數過還味者
暑中取淨子石壘盆盂以清泉養之此齋閣中
天然妙相也能清暑者長目力東坡有怪石供
此殆泉石供也

處士茶經不但擇水其火用炭或勁薪其炭曾經燔爲腥氣所及及膏木敗器不用之古人辨勞薪之味殆有旨也

處士論煮茶法初沸水合量調之以鹽味是又厄水也

水品卷上

水品卷下

明雲間徐獻忠著

上池水

湖守李季卿與陸處士論水精劣得二十種以雪水品在末後是非知水者昔者秦越人遇長桑君飲以上池之水三十日當見物上池水者水未至地承取露華水也漢武志慕神僊以露盤取金莖飲之此上池眞水也丹經以方諸取太陰眞水亦此義予謂露雪雨冰

皆上池品而露爲上朝露未晞時取之栢葉及百花上佳服之可長年不饑續齊諧記司農鄧沼八月朝入華山見一童子以五色囊承取栢葉下露露皆如珠云赤松先生取以明目呂氏春秋云水之美者有三危之露爲水即味重於水也本草載六天氣令人不饑長年美顏色人有急難阻絶之處用之如龜蛇服氣不死陽陵子明經言春食朝露秋食飛泉冬食沆瀣夏食正陽并天玄地黃是爲

六氣亦言平明爲朝露日中爲正陽日入爲飛泉夜半爲流瀣此又服氣之精者

玉井水

玉井者諸產有玉處其泉流澤潤久服令人僊

異類云崑崙山有一石柱柱上露盤盤上有玉水溜下土人得一合服之與天地同年又太華山有玉水人得服之長生令人山居者多壽考豈非玉石之津乎

十洲記瀛洲有玉膏泉如酒令人長生

南陽酈縣北潭水

酈縣北潭水其源悉芳菊生被崖水為菊味盛弘之荆州記太尉胡廣久患風羸常汲飲此水遂療抱朴子云酈縣山中有甘谷水其居民悉食之無不壽考故司空王暢太尉劉寬太傅袁隗皆為南陽太守常使酈縣月送甘谷水四十斛以為飲食諸公多患風痺及眩皆得愈

按寇宗奭衍義菊水之說甚怪水自有甘澹焉

知無有菊味者常官于永耀間沿幹至洪門北山下古石渠中泉水清徹其味與惠山泉水等亦微香烹茶尤相宜由是知泉脉如此

金陵八功德水

八功德水在鍾山靈谷寺八功德者一清二泠三香四柔五甘六淨七不噎八除痾昔山僧法喜以所居之泉精心求西域阿耨池水七日掘地得之梁以前常以供御池故在崗壁

國初遷寶誌塔水自從之而舊池遂涸人以爲

異謂之靈谷者自琵琶街鼓掌相應若彈絲聲且志其徙水之靈也陸處士足迹未至此水尚遺品錄予以次上池玉水及菊水者蓋不但諸草木之英而已

鍾陰有梅花水手掬弄之滴下皆成梅花此石乳重厚之故又一異景也鍾山故有靈氣而泉液之佳無過此二水

句曲山喜客泉

大茅峰東北有喜客泉人鼓掌即湧沸津津散

珠昭明讀書臺下掬掌泉亦同此類茅峰故
有丹金所產多靈木其泉液宜勝按陶隱居
真誥云茅山左右有泉水皆金玉之津氣又
云水味是清源洞遠沾爾水色白都不學道
居其土飲其水亦令人壽考是金津潤液之
所漑耶今之好遊者多紀岩壑之勝鮮及此
也

王屋山玉泉聖水

王屋山道家小有洞天蓋濟水之源源于天壇

之顛伏流至濟瀆祠復見合流至溫縣虢公
臺入于河其流汛疾在醫家去病如東阿之
膠青州之白藥皆其伏流所製也其半山有
紫微宮宮之西至望僊坡北折一里有玉泉
名玉泉聖水真誥云王屋山僊之别天所謂
陽臺是也諸始得道者皆詣陽臺陽臺是清
虛之宮下生鮑濟之水水中有石精得而服
之可長生

泰山諸泉

玉女泉在岳頂之上水甘美四時不竭一名聖
　水池白鶴泉在昇元觀後水列而美
王母池一名瑶池在泰山之下水極清味甘美
　崇寧間道士劉崇鑿石
此外有白龍池在岳西南其出為渿河僊臺嶺
　南一池出為汶河桃花峪出為泮河天神泉
　懸流如練皆非三水比也
天書觀傍有醴泉
　華山涼水泉

華山第二關即不可登越鑿石竅插木攀援若猿猱始得上其涼水泉出竇間芳冽甘美稱以憩息固天設神水也自此至青牛平入通僊觀可五里爾

終南山澂源池

終南山之陰太乙宮者漢武因山有靈氣立太乙元君祠于澂源池之側宮南三里入山谷中有泉出奔聲如擊筑如轟雷即澂源派也池在石鏡之上一名太乙湫環以羣山雄偉

秀特勢逼霄漢神靈降遊之所止可飲勺取甘不可穢褻蓋靈山之脉絡也杜陵韋曲列居其北降生名世有自爾

京師西山玉泉

玉泉山在西山大功德寺西數百步山之北麓鑿石爲螭頭泉自口出瀦而爲池瑩徹照暎其水甘潔上品也東流入大內注都城出大通河爲京師八景之一京師所艱得惟佳泉且北地暑毒得少憩泉上便可忘世味爾

又西香山寺有甘露泉更隹道險遠人鮮至非內人建功德院幾不聞人間矣

偃師甘露泉

甘泉在偃師東南瑩徹如練飲之若飴又緣山浮丘塚建祠于庭下出一泉澄澈甘美病者飲之即愈名浮丘靈泉

林慮山水簾

大行之奇秀至林慮之水簾爲最水聲出亂石中懸而爲練濡而爲潄飛花旋碧喧豗飄洒

其潴而為泓者清澈如空纖芥可見坐數十人蓋天下之奇觀也

蘇門山百泉

蘇門山百泉者衛源也毖彼泉水詩今尚可誦其地山岡勝麗林樾幽好自古幽寂之士卜築嘯咏可以洗心漱齒晉孫登嵇康宋邵雍皆有陳迹可尋討其光寒寒泓穆之象聞之且可醒心況下上其間耶

濟南諸泉

濟南名泉七十有二論者以瀑流爲上金線次之珍珠又次之若玉環金虎柳絮皇華無憂及水晶簟皆出其下所謂瀑流者又名趵突在城之西南濼水源也其水湧瀑而起久食多生頸疾金線泉有紋如金線珍珠泉今王府中不待振足拊掌自然湧出珠泡恐皆山氣太盛故作此異狀也然昔人以三泉品居上者以山川景象秀朗而言爾未必果在七十二泉之上也有杜康泉者在舜祠西廡云

杜康取此釀酒昔人稱楊子中泠水每升重
二十四銖此泉止減中泠一銖今爲覆屋而
堙或去廡屋受雨露則靈氣宣發也又大明
湖發源于舜泉爲城府特秀處繡江發源長
白山下二處皆有芰荷洲渚之勝其流皆與
濟水合恐濟水隱伏其間故泉池之多如此

廬山康王谷水

陸處士云瀑湧湍漱勿食之康王谷水簾上下
故瀑水也至下潭澄寂處始復其眞性李季

鄉亭次有瀑水恐托之處士

楊子中泠水

徃時江中惟稱南零水陸處士辨其異于岓水以其清澈而味厚也今稱中泠徃時金山屬之南岓江中惟二泠蓋指石簰山南北流也今金山淪入江中則有三流水故昔之南泠乃列爲中泠爾中泠有石骨能渟水不流澄凝而味厚今山僧憚汲險鑿西麓一井代之輙指爲中泠非也

無錫惠山寺水

何子叔皮一日汲惠水遺予時九月就涼水無變味對其使亨餐之大佳也明年予走惠山汲煮陽羨鬭品乃知是石乳就寺僧再宿而歸

洪州噴霧崖瀑

在蟠龍山飛瀑傾注噴薄如霧宋張商英遊此題云水味甘腴偏宜煮茗范成大亦以爲天下瀑布第一

萬縣西山包泉
宋元符間太守方澤爲銘以其品與惠山泉相
上下轉運張縯詩更挹岩泉分茗碗舊遊彷
佛記孤山
雲陽縣有天師泉止自五月江漲時溢出九月
即止雖甘潔清洌不貴也多喜山雌雄泉分
陰陽盈竭斯異源爾
潼川
鹽亭縣西自劍門南來四百里爲負戴山山有

飛龍泉極甘美

遂寧縣東十里數峰壁立有泉自岩滴下成穴深尺餘紺碧甘美流注不竭因名靈泉宋楊大淵等守靈泉山即此

鴈蕩龍鼻泉

浙東名山自古稱天台而鴈蕩不著今東南勝地輒稱之其上有二龍湫大湫數百頃小湫亦不下百頃勝處有石屏龍鼻水屏有五色異景石乳自龍鼻滲出下有石渦承之作金

石聲皆自然景象非人巧也小湫今爲遊僧開瀉成田郡內養蔭龍氣在術家爲龍樓眞氣今泄之山川之秀頓減矣

天目山潭水

浙西名勝必推天目天目者東南各一湫如目也高巔與層霄北近靈景超絕下發淸泠與瑤池同勝山多雲母金沙所產吳朮附子靈壽藤皆異頴何下于杞菊水南北皆有六潭道險不可盡歷且多異獸雖好遊者不能遍

山深氣早寒九月即閉關春三月方可出入其迹靈異晴空稍起雲一縷雨輒大至蓋神龍之窟宅也山居谷叟予有夙慕云

吳興白雲泉

吳興金蓋山故多雲氣乙未三月與沈生子內曉入山觀望四山繚遶如垣中間田段平衍環視如在甑中受蒸潤也少焉日出雲氣漸散惟金蓋獨遲越不易解予謂氣盛必有佳泉水乃南陟坡陁見大楊梅樹下汩汩有聲

清泠可愛急移茶具就之茶不能變其色主人言十里內蠶絲俱汲此煮之輒光大白售下注田段可百畝因名白雲泉云

吳興更有杼山珍珠泉如錢塘玉泉可拊掌出珠泡玉泉多餌五色魚穢垢山靈爾杼山因僧皎然夙著

顧渚金沙泉

顧渚每歲採貢茶時金沙泉即涌出茶事畢泉亦隨涸人以爲異元末時乃常流不竭矣

碧林池　在吳興弁山太陽塢

避暑錄云吾居東西兩泉匯而爲沼纔盈丈溢其餘於外不竭東泉決爲澗經碧林池然後匯大澗而出兩泉皆極甘不減惠山而東泉尤冽

四明山雪竇上岩水

四明山巔出泉甘冽名四明泉上矣南有雪竇在四明山南極處千丈岩瀑水殊不佳至上岩約十許里名隱潭其瀑在嶮壁中甚奇怪

心弱者不能一置足其下此天下奇洞房也至第三潭水清泚芳潔視天台千丈瀑殊絶爾天台康王谷人迹易至雪竇甚閟潭又雪竇之閟者世間高人自晦于蓬藋間若此水者豈堪筭計耶

天台桐柏宮水

宮前千仞石壁下發一源方丈許其水自下涌起如珠瀵灌甚多水甘冽入品

黄岩靈谷寺香泉

寺在黄岩太平之間寺後石罅中出泉甘洌而香人有名爲聖泉者

麻姑山神功泉

其水清洌甘美石中乳液也土人取以釀酒稱麻姑者非釀法乃水味佳也

黄岩鐵篩泉

方山下出泉甚甘古人欲避其泛沙置鐵篩其内因名士大夫煎茶必買此水境内無異者有宋人潘愚谷詩黄岩八景之意也

樂清縣沭簫泉

沭簫是王子晋遺迹山上有簫臺其水闔境用之佳品也

福州閩越王南臺山泉

泉上有白石壁中有二鯉形隂雨鱗目粲然貧者汲賣泉水水清泠可愛土人以南山有白石又有鯉魚侣甯戚歌中語因傳會戚飯牛于此

桐廬嚴瀨水

張君過桐廬江見嚴子瀨溪水清泠取煎佳茶以為愈于南泠水予嘗過瀨其清湛芳鮮誠在南泠上而南泠性味俱重非瀨水及也瀨流瀉處亦殊不佳臺下灣窈迴洑澄渟始是佳品必緣陟上下方得之若舟行捷取亦常然波爾

姑蘇七寶泉

光祿寺左鄧尉山東三里有七寶泉發石間環甃以石形如滿月庵僧接竹引之甚甘吳門

故乏泉雖虎丘名陸羽泉予尚以非源水下之顧此水不録以地僻隱人迹罕至故也

宜興洞水

善權寺前有湧金泉發于寺後小水洞有竇形如偃月深不可測李司空碑謂微時親見白龍騰出洞中蓋龍穴也恐不可食今人有飲者云無害西南至大水洞其前湧泉奔赴石上濺沫如飯注入洞中出小水洞蓋一源也

張公洞東南至會僊岩其下空洞有泉出焉自

右而趨有聲潺潺可聽

南岳銅官山麓有寺寺有卓錫泉其地卽古之陽羨產茶獨佳每季春縣官祀神泉上然後入貢

寺左三百步有飛瀑千尺如白龍下飲滙而爲池相傳稠錫禪師卓錫出泉于寺而剖腹洗腸于此今名洗腸池此或巢由洗耳之意或飲此水可以洗滌腸中穢迹因而得名爾其側有善行洞庵後有泉出石間渦渦不息僧

引竹入厨煎茶甚佳天下山川奇怪幽寂莫逾此三洞近溧陽史君恭甫更于玉女潭搜剔水石構結精廬其名勝殆冠絕雖降僊真可也况好遊人士耶

華亭五色泉

松治西南數百步相傳五色泉士子見之輒得高第今其地無泉止有八角井云是海眼禱[illegible]負鐵符下其中後漁人得之白龍潭井水甘而冽不下泉水所謂五色泉當是

此非別有泉也丹陽觀音寺楊州大明寺水俱入處士品亭嘗之與八角無異

金山寒穴泉

松江治南海中金山上有寒穴泉按宋毛滂寒穴泉銘序云寒穴泉甚甘取惠山泉並嘗至三四反覆略不覺異王荆公和唐令寒穴泉詩有云山風吹更寒山月相與清今金山淪入海中汲者不至他日桑海變遷或仍爲嵊谷未可知也

水品後跋

徐子伯臣往時曾作唐詩品今又品水豈水之與詩其泠然之聲沖然之味有同流邪予嘗語田子曰吾三人者何時登崑崙探河源聽奏鈞天之洋洋還涉三湘過燕秦諸川相與飲水賦詩以盡品咸池韶濩之樂徐子能復有以許之乎餘杭蔣灼跋

水品後跋

湯品目錄

十六湯品

第一品得一湯

第二品嬰湯

第三品百壽湯

第四品中湯

第五品斷脈湯

第六品大壯湯

第七品富貴湯

第八品秀碧湯
第九品壓一湯
第十品纒口湯
第十一品減價湯
第十二品法律湯
第十三品一面湯
第十四品宵人湯
第十五品賊湯
第十六品魔湯

湯品目錄終

湯品

唐蘇廙元明著

十六湯品

湯者茶之司命若名茶而濫湯則與凡末同調矣煎以老嫩言者凡三品注以緩急言者凡三品以器標者共五品以薪論者共五品

第一品得一湯

火績已儲水性乃盡如手中米稱上魚高低適平無過不及爲度蓋一而不偏雜者也天得一

以清地得一以寧湯得一可建湯勳

第二品嬰湯

薪火方交水釜纔熾急取旋傾若嬰兒之未孩欲責以壯夫之事難矣哉

第三品百壽湯 一名白髮湯

人過百息水逾十沸或以話阻或以事廢始取用之湯已失性矣敢問皤鬢蒼顏之大老還可執弓搖矢以取中乎還可雄登闊步以邁遠乎

第四品中湯

亦見乎鼓琴者也聲合中則意妙亦見乎磨墨者也力合中則矢濃聲有緩急則琴亡力有緩急則茶敗欲湯之中臂任其責

第五品斷脉湯

茶已就膏宜以造化成其形若手顫臂嚲惟恐其深缾觜之端若存若亡湯不順通故茶不勻粹是猶人之百脉氣血斷續欲壽奚獲苟惡斃宜逃

第六品大壯湯

力士之把針耕夫之握管所以不能成功者傷於麤也且一甌之茗多不二錢茗盞量合宜下湯不過六分萬一快瀉而深積之茶安在哉

第七品富貴湯

以金銀爲湯器惟富貴者具焉所以策功建湯業貧賤者有不能遂也湯器之不可捨金銀猶琴之不可捨桐墨之不可捨膠

第八品秀碧湯

石凝結天地秀氣而賦形者也琢以爲器秀猶

然在焉湯不良未之有也

第九品壓一湯貴欠金銀

貴欠金銀賤惡銅鐵則甆瓶有足取焉幽士逸夫品色尤宜豈不爲瓶中之壓一乎然勿與誇珍衒豪臭公子道

第十品纏口湯

猥人俗輩煉水之器豈暇深擇銅鐵鉛錫取熱而已夫是湯也腥苦且澁飲之逾時惡氣纏口而不得去

第十一品減價湯

無油之瓦滲水而有土氣雖御鑄宸緘且將敗德銷聲諺曰茶瓶用瓦如乘折腳駿登高好事者幸誌之

第十二品法律湯

凡木可以煮湯不獨炭也惟沃茶之湯非炭不可在茶家亦有法律水忌停薪忌薰犯律踰法湯乖則茶殆矣

第十三品一面湯

或柴中之麩火或焚餘之虛炭本體雖盡而性且浮性浮則有終嫩之嫌炭則不然實湯之友

第十四品宵人湯

茶本靈草觸之則敗糞火雖熱惡性未盡作湯泛茶減耗香味

第十五品賊湯 一名賤湯

竹篠樹梢風日乾之燃鼎附瓶頗甚快意然體性虛薄無中和之氣爲湯之殘賊也

第十六品魔湯

但須飽風霜耳
箕踞斑竹林中徙倚青石几上所有道笈梵書或校讐四五字或參諷一兩章茶不甚精壺亦不燥香不甚良灰亦不死短琴無曲而有絃長歌無腔而有音激氣發于林樾好風送之水涯若非羲皇以上定亦嵇阮兄弟之間

三月茶筍初肥梅風未困九月蓴鱸正美秫酒新香勝客晴窓出古人法書名畫焚香評賞無過此時

昔人以陸羽飲茶比于后稷樹穀及覩韓翃書云吳王禮賢方聞置茗晋人愛客纔有分茶則知開創之功非關桑苧老翁也

太祖高皇帝極喜顧渚茶定額貢三十二斤歲以爲常

洞庭中西盡處有仙人茶乃樹上之苔蘚也四皓采以爲茶

吳人于十月采小春茶此時不獨逗漏花枝而尤喜月光晴暖從此蹉過霜凄雁凍不復可堪

調茶在湯之淑慝而湯最惡烟然柴一枝濃烟蔽室又安有湯耶苟用此湯又安有茶耶所以爲大魔

湯品卷終

茶話

明雲間陳繼儒著

採茶欲精藏茶欲燥烹茶欲潔

茶見日而味奪墨見日而色灰

品茶一人得神二人得趣三人得味七八人是名施茶

山谷煎茶賦云洶洶乎如澗松之發清吹浩浩乎如春空之行白雲可謂得煎茶三昧

山谷云相茶瓢與相邛竹同法不欲肥而欲瘦

宋徽宗有大觀茶論二十篇皆爲碾餘烹點而設不若陶穀十六湯韻美之極

徐長谷品惠泉賦序云叔皮何子遠遊來歸汲惠山泉一罌遺予東皋之上予方靜掩竹門消詳鶴梦奇事忽來逸興橫發乃乞新火煮而品之使童子歸謝叔皮焉

瑯琊山出茶類桑葉而小山僧焙而藏之其味甚清

杜鴻漸與楊祭酒書云顧渚山中紫筍茶兩片

此茶但恨帝未得嘗寔所嘆息一片上太夫人
一片充昆弟同啜余鄉佘山茶寔與虎丘伯仲
深山名品合獻至尊惜收置不能五十斤也
蔡君謨湯取嫩而不取老蓋爲團茶發耳今旗
芽槍甲湯不足則茶神不透茶色不明故茗戰
之捷尤在五沸
琉球亦曉烹茶設古鼎于几上水將沸時投茶
末一匙以湯沃之少頃捧飲味甚清
山頂泉輕而清山下泉清而重石中泉清而甘

沙中泉清而洌土中泉清而厚流動者良于安静負陰者勝于向陽山峭者泉寡山秀者有神真源無味真水無香

陶學士謂湯者茶之司命此言最得三昧馮祭酒精于茶政手自料滌然後飲客客有咲者余戲解之云此正如美人又如古法書名畫度可着俗漢手否

茶話卷終

茶書六

茗笈上下部

茗笈品藻部

煮泉小品部

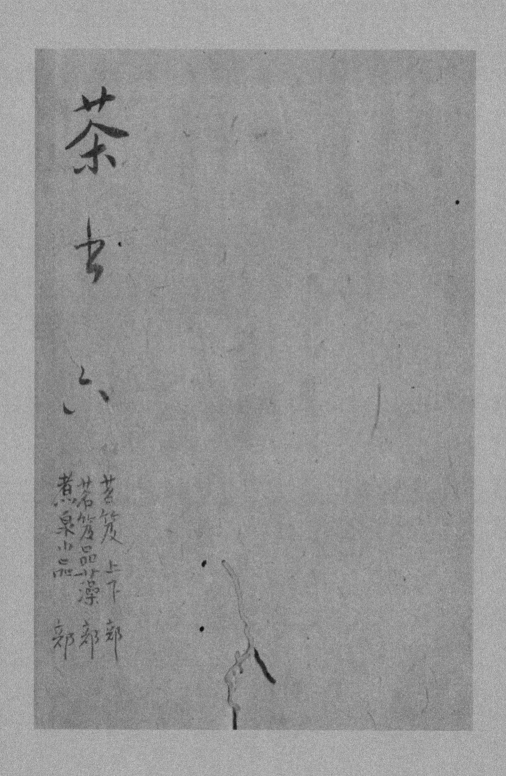

茗笈序

清士之精華莫如詩而清士之緒餘則有掃地焚香煮茶三者焚香掃地余不敢讓乃[illegible]茶則恒推轂吾友聞隱鱗氏如推轂隱[illegible]盍隱鱗高標幽韻迥出塵表於斯三者[illegible]無間然其在縉紳惟幽寥先生與隱鱗同其臭味隱鱗嗜茶幽寥之於茶也不甚嗜然深能究茶之理契茶之趣自陸氏茶經而下有片語及茶者皆旁蒐博訂輯為茗笈以傳同好其間采製之宜

收藏之法飲啜之方與夫鑒別品第之精當可謂陸氏功臣矣余謂幽窗宦中詩多取材齊梁而其林下諸作無不力追老杜少陵之後有稱詩史者惟幽窗而季疵之後稱茶史者亦惟幽窗隱鱗有幽窗似不得專其美矣兩君皆吾越人余因謂茶之與泉猶生才何地無佳者第託諸通都要路者取名易而僻在一隅者起名難吾鄉泉若它山茶若朱溪以其產於海隅知之者遂尠世有具贊皇之口玉川之量不遠千里

可也庚戌上巳日社弟薛剛題

茗笈序終

茗笈序

屠豳叟先生昔轉運閩海衙齋中聞若僧寮予每過從輒具茗椀相對品隲古人文章詞賦不及其他茗盡而談未竟必令童子數燃鼎繼之率以爲常而先生亦賞予雅通茗事喜與語且喜與啜凡天下奇名異品無不烹試定其優劣意豁如也及先生擢守辰陽掛冠歸隱鑑湖益以烹點爲事鉛槧之暇著爲茗笈十六篇本陸羽之文爲經采諸家之說爲傳又自爲評贊以

美之文典事清足爲山林公案先生其泉石膏肓者耶予與先生别十五載而謝在杭自燕歸出茗笈讀之清風逸興宛然在目乃謀諸守公喻使君梓之郡齋以廣同好善夫陸華亭有言曰此一味非眠雲跂石人未易領畧可爲幽窔實錄云

萬曆辛亥年秋日晉安徐𤊹興公書

茗笈序終

茗笈序

明甬東屠本畯幽叟著

不佞生也憨無所嗜好獨於茗不能忘情偶探友人聞隱鱗架上得諸家論茶書有會於心採其雋永者著於篇名曰茗笈大都以茶經爲經自茶譜迄茶箋列爲傳人各爲政不相沿襲彼創一義而此釋之甲送一難而乙駮之奇奇正正靡所不有政如春秋爲經而案之左氏公穀爲傳而斷之是非予奪豁心胸而快志意間有

所評小子不敏奚敢多讓矣然書以筆札簡當爲工詞華麗則爲尚而器用之精良賞鑒之貴重我則未之或暇也蓋有含英吐華收奇覓祕者在書凡二篇附以贊評幽窓序

南山有茶美茗笈也醒心之膏液砭俗之鼓吹是故詠之

南山有茶天雲卿只采采人文笈笥盈只 一章

有經有譜有記有品寮錄解箋說評斯盡 二章

遡原得地乘時揆制藏茗勛高品泉論細 三章

候火定湯點瀹辨器示有雅人惟申嚴忌 四章

既防靡濫又戒混淆相度時宜乃忘至勞 五章

我徂東山高崗捃拾衡鑒玄賞咸登於笈 六章

予本憨人坐草觀化趙茶未悟許瓢欲挂 七章

滄浪水清未可濯纓旋汲旋瀹以註茶經 八章

蘭香泛甌靈泉在卣惟喜詠茶罔解頌酒 九章

竹裡韻士松下高僧汲甘露水禮古先生 十章

南山有茶十章章四句

茗笈上篇目

茗笈下篇目

品茶姓氏

茶經陸羽著字鴻漸一名疾字季疵號桑苧翁

試茶歌劉夢得著字禹錫
陸羽點茶圖跋董逌著
茶譜蔡襄著字君謨
煮茶泉品葉清臣著
僊芽傳蘇廙著
東源試茶錄朱子安著
鶴林玉露羅景綸著字大經
茶寮記陸樹聲著字與吉
煎茶七類同上

煮泉小品田藝蘅著字子蓺

類林焦竑著字弱侯

茶錄張源著字伯淵

茶疏許次紓著字然明

羅岕茶記熊明遇著

茶說邢士襄著字三若

茶解羅廩著字高君

茶箋聞龍著字隱鱗初字仲連

茗笈序終

茗笈上篇贊評

第一遡源章

贊曰世有僊茅消纇捐忿安得登枝而忘其本

茶者南方之嘉木其樹如瓜蘆葉如梔子花如白薔薇實如栟櫚蒂如丁香根如胡桃其名一曰茶二曰檟三曰蔎四曰茗五曰荈山南以陝州上襄州荊州次衡州下金州梁州又下淮南以光州上義陽郡舒州次壽州下蘄州黃州又

下浙西以湖州上常州次宣州睦州歙州下潤州蘇州又下劍南以彭州上綿州蜀州邛州次雅州瀘州下眉州漢州又下浙東以越州上明州婺州次台州下黔中生恩州播州費州夷州江南生鄂州袁州吉州嶺南生福州建州韶州象州其恩播費夷鄂袁吉福建韶象十一州未詳往往得之其味極佳陸羽茶經

按唐時產茶地僅僅如季疵所稱而今之虎丘羅蚧天池顧渚松羅龍井鴈宕武夷靈山

大盤日鑄朱溪諸名茶無一與焉乃知靈草
在在有之但培植不嘉或疏採製耳 羅廪茶解

吳楚山谷間氣清地靈草木穎挺多孕茶荈
大率右於武夷者爲白乳甲於吳興者爲紫
筍產禹穴者以天章顯茂錢塘者以徑山稱
至於續廬之巖雲衡之麓雅山著於無宣蒙
頂傳於岷蜀角立差勝毛舉實繁 葉清臣煮茶泉品

唐人首稱陽羨宋人最重建州於今貢茶兩
地獨多陽羨僅有其名建州亦非上品惟武

夷雨前最勝近日所尚者爲長興之羅岕疑
即古顧渚紫筍然岕故有數處今惟洞山最
佳姚伯道云明月之峽厥有佳茗韻致清遠
滋味甘香足稱僊品其在顧渚亦有佳者今
但以水口茶名之全與岕別矣若歙之松羅
吳之虎丘杭之龍井並可與岕頡頏郭次甫
極稱黃山黃山亦在歙去松羅遠甚往時士
人皆重天池然飲之略多令人脹滿浙之產
曰鴈宕大盤金華日鑄皆與武夷相伯仲錢

塘諸山產茶甚多南山盡佳北山稍劣武夷之外有泉州之清源儻以好手製之亦是武夷亞匹惜多焦枯令人意盡楚之產曰寶慶滇之產曰五華皆表表有名在鴈茶之上其他名山所產當不止此或余未知或名未著故不及論許次紓茶疏

評曰昔人以陸羽飲茶比於后稷樹穀然哉及觀韓翃謝賜茶啓云吳主禮賢方聞置茗晋人愛客纔有分茶則知開創之功雖不始

於桑苧而製茶自出至季疪而始備矣嗣後名山之產靈草漸繁人工之巧佳茗日著皆以季疪為墨守即謂開山之祖可也其蔡君謨而下為傳燈之士

第二得地章

贊曰燁燁靈荈托根高崗吸風飲露負陰向陽

上者生爛石中者生礫壤下者生黃土野者上園者次陰山坡谷者不堪採掇茶經

產茶處山之夕陽勝於朝陽廟後山西向故稱佳總不如洞山南向受陽氣特專稱僊品熊明遇岕山茶記

茶地南向爲佳向陰者遂劣故一山之中美惡相懸茶解

茶產平地受土氣多故其質濁岕茗產於高山渾是風露清虛之氣故爲可尚岕茶記

茶園不宜雜以惡木惟桂梅辛夷玉蘭玫瑰蒼松翠竹與之間植足以蔽覆霜雪掩映秋

陽其下可植芳蘭幽菊淸芬之物最忌菜畦
相逼不免滲漉滓厥淸眞（茶解）
評曰瘠土民癯沃土民厚城市民囂而瀉山
鄉民樸而陋齒居晋而黃項處齊而癭人猶
如此豈惟茗哉

第三乘時章

贊曰乘時待時不愆不崩小人所援君
子所憑

採茶在二月三月四月之間茶之筍者生爛石

沃土長四五寸若薇蕨始抽凌露採焉茶之芽者發於蘩薄之上有三枝四枝五枝者選其中枝穎拔者採焉茶經

清明太早立夏太遲穀雨前後其時適中若再遲一二日待其氣力完足香烈尤倍易於收藏茶疏

茶以初出雨前者佳惟羅岕立夏開園吳中所貴梗觕葉厚有蕭箬之氣還是夏前六七日如雀舌者最佳不易得岕茶記

岕茶非夏前不摘初試摘者謂之開園採自正夏謂之春茶其地稍寒故須得此又不當以太遲病之往時無秋日摘者近乃有之七八月重摘一番謂之早春其品甚佳不嫌少薄他山射利多摘梅茶（梅雨時摘故曰梅茶）梅茶苦澀且傷秋摘佳產戒之（茶疏）

凌露無雲採候之上霽日融和採候之次積雨重陰不知其可（邢士襄茶說）

評曰桑苧翁製茶之聖者歟茶經一出則千

載以來採製之期舉無能違其時日而紛更之者羅高君謂知深斯鑒別精好篤斯修制力可以贊桑苧翁之烈矣

第四採制章

贊曰爾造爾製有矱有矩度也惟良於斯信汝

其日有雨不採晴有雲不採晴採之蒸之擣之拍之焙之穿之封之茶乾矣茶經

斷茶以甲不以指以甲則速斷不柔以指則

多濕易損宋子安東溪試茶錄

其茶初摘香氣未透必借火力以發其香然茶性不耐勞炒不宜久多取入鐺則手力不匀久於鐺中過熟而香散矣炒茶之鐺最嫌新鐵須預取一鐺毋得别作他用一說惟常煮飯者佳既無鐵腥亦無脂膩炒茶之薪僅可樹枝不用幹葉幹則火力猛熾葉則易焰易滅鐺必磨洗瑩潔旋摘旋炒一鐺之內僅用四兩先用文火炒軟次加武火催之手加木指急急鈔轉以半

熟爲度微俟香發是其候也（茶疏）

茶初摘時須揀去枝梗老葉惟取嫩葉又須去尖與柄恐其易焦此松蘿法也炒時須一人從傍扇之以袪熱氣否則黃色香味俱減予所親試扇者色翠不扇色黃炒起出鐺時置大磁盤中仍須急扇令熱氣稍退以手重揉之再散入鐺文火炒乾入焙蓋揉則其津上浮點時香味易出田子蓺以生曬不炒不揉者爲佳亦未之試耳（聞龍茶箋）

火烈香清鐺寒神倦火烈生焦柴疎失翠久延則過熟速起卻還生熟則犯黃生則著黑帶白點者無妨絕焦點者最勝張源茶錄

經云焙鑿地深二尺濶一尺五寸長一丈上作短牆高二尺泥之以木構於焙上編木兩層高一尺以焙茶茶之半乾昇下棚全乾昇上棚愚謂今人不必全用此法予嘗構一焙室高不踰尋方不及丈縱廣正等四圍及頂綿紙密糊無小罅隙置三四火缸於中安新

竹篩於缸內預洗新麻布一片以襯之散所炒茶於篩上闔戶而焙上面不可覆蓋蓋茶葉尚潤一覆則氣悶罨黃須焙二三時俟潤氣盡然後覆以竹箕焙極乾出缸待冷入器收藏後再焙亦用此法色香與味不致大減茶箋

茶之妙在乎始造之精藏之得法點之得宜優劣定乎始鐺清濁係乎末火茶錄

諸名茶法多用炒惟羅岕宜於蒸焙味真藴

藉世競珍之即顧渚陽羨密邇洞山不復倣
此想此法偏宜於岕未可槩施他茗而經已
云蒸之焙之則所從來遠矣　茶箋
評曰必得色全惟須用扇必全香味當時焙
炒此評茶之準繩傳茶之衣鉢

第五藏茗章

贊曰茶有遷德幾微是防如保赤子云
胡不藏

育以木制之以竹編之以紙糊之中有隔上有

褸下有床傍有門掩一扇中置一器貯煻煨火令煴煴然江南梅雨焚之以火茶經

藏茶宜箬葉而畏香藥喜溫燥而忌冷濕故藏時先用青箬以竹絲編之置罌四週焙茶俟冷貯器中以生炭火煅過烈日中暴之令滅亂插茶中封固罌口覆以新磚置高爽近人處霉天雨候切忌發覆須於晴明取少許別貯小缾空缺處即以箬填滿封置如故方為可久或夏至後一焙或秋分後一焙岕茶記

切勿臨風近火臨風易冷近火先黃（茶錄）

凡貯茶之器始終貯茶不得移爲他用（茶解）

吳人絶重岕茶往往雜以黃黑箬大是闕事余每藏茶必令樵青入山採竹箭箬拭淨烘乾護罌四週半用剪碎拌入茶中經年發覆青翠如新（茶箋）

置頓之所須在時時坐臥之處逼近人氣則常溫不寒必在板房不宜土室板房燥土室則蒸又要透風勿置幽隱之處尤易蒸濕

茶錄

評曰羅生言茶酒二事至今日可稱精絕前無古人此可與深知者道耳夫茶酒超前代希有之精品羅生創前人未發之玄談吾尤詫夫卮談名酒者十九清談佳茗者十一

第六品泉章

贊曰仁智之性山水樂深載鄭清泚以滌煩襟

山水上江水中井水下山水擇乳泉石池漫流

者上其瀑湧湍漱勿食久食令人有頸疾又多
別流於山谷者澄浸不洩自火天至霜郊以前
或潛龍蓄毒於其間飲者可決之以流其惡使
新泉涓涓然酌之其江水取去人遠者茶經
山宣氣以養萬物氣宣則脉長故曰山水上
泉不難於清而難於寒其瀨峻流駛而清嵓
奥積陰而寒者亦非佳品田藝衡煮泉小品
江公也衆水共入其中也水共則味雜故曰
江水次之其水取去人遠者蓋去人遠則澄

深而無蕩漾之漓耳小品

余少得溫氏所著茶說嘗識其水泉之目有二十焉會西走巴峽經蝦蟆窟北憩蕪城汲蜀岡井東遊故都挹楊子江留丹陽酌觀音泉過無錫斟惠山水粉槍末旗蘇蘭薪桂且鼎且缶以飲以啜莫不淪氣滌慮蠲病析酲祛鄙吝之生心招神明而還觀信乎物類之得宜臭味之所感幽人之嘉尚前賢之精鑒不可及矣煮茶泉品

山頂泉清而輕山下泉清而重石中泉清而甘砂中泉清而洌土中泉清而白流於黃石爲佳瀉出青石無用流動愈於安靜負陰勝於向陽（茶錄）

山厚者泉厚山奇者泉奇山清者泉清山幽者泉幽皆佳品也不厚則薄不奇則蠢不清則濁不幽則喧必無用矣（小品）

泉不甘能損茶味前代之論水品者以此（蔡襄茶譜）

吾鄉四隱皆山泉水在在有之然皆淡而不甘獨所謂宅泉者其源出自四明潺湲洞歷大蘭小皎諸名岫廻溪百折幽澗千支沿洄漫衍不舍晝夜唐鄮令王公元偉築埭宅山以分注江河自洞抵埭不下三數百里水色蔚藍素砂白石粼粼見底清寒甘滑甲於郡中余愧不能爲浮家泛宅送老於斯每一臨泛浹旬忘返携茗就烹珍鮮特甚洵源泉之最勝甌犧之上味矣以僻在海陬圖經是漏

故又新之記罔聞季疵之杓莫及遂不得與谷簾諸泉齒譬猶飛遁吉人滅影貞士直將逝名世外亦且永托知希矣茶箋

山泉稍遠接竹引之承之以奇石貯之以淨缸其聲琮琮可愛移水取石子雖養其味亦可澄水小品

甘泉旋汲用之斯良丙舍在城夫豈易得故宜多汲貯以大甕但忌新器爲其火氣未退易於敗水亦易生蟲久用則善最嫌他用水

性忌木松杉為甚木桶貯水其害滋甚挈瓶爲佳耳（茶疏）

烹茶須甘泉次梅水梅雨如膏萬物賴以滋養其味獨甘梅後便不堪飲大甕滿貯投伏龍肝一塊卽竈中心乾土也乘熱投之（茶解）

烹茶水之功居六無泉則用天水秋雨爲上梅雨次之秋雨冽而白梅雨醇而白雪水五穀之精也色不能白養水須置石子於甕不惟益水而白石淸泉會心亦不在遠（岕茶記）

貯水甕須置陰庭覆以沙帛使承星露則英
華不散靈氣常存假令壓以木石封以紙箬
暴於日中則外耗其神內閉其氣水神敝矣

茶解

評曰茶記言養水置石子於甕不惟益水而
白石清泉會心不遠夫石子須取其水中表
裏瑩澈者佳白如截肪赤如鷄冠藍如螺黛
黃如蒸粟黑如玄漆錦紋五色輝映甕中徙
倚其側應接不暇非但益水亦且娛神

第七候火章

贊曰君子觀火有要有倫得心應手存乎其人

其火用炭曾經燔炙爲脂膩所及及膏木敗器不用古人識勞薪之味信哉本經

火必以堅木炭爲上然本性未盡尚有餘烟烟氣入湯湯必無用故先燒令紅去其烟焰兼取性力猛熾水乃易沸既紅之後方授水器乃急扇之愈速愈妙毋令手停停過之湯

寧棄而再烹（茶疏）

爐火通紅茶銚始上扇起要輕疾待湯有聲稍稍重疾斯文武火之候也若過乎文則水性柔柔則水爲茶降過於武則火性烈烈則茶爲水制皆不足於中和非茶家之要旨（茶錄）

評曰蘇廙僊芽傳載湯十六云調茶在湯之淑慝而湯最忌烟燃柴一枝濃烟滿室安有湯耶又安有茶耶可謂確論田子蓺以松實松枝爲雅者乃一時興到之言不知大繆茶

理

第八定湯章

贊曰茶之殿最待湯建勛誰其秉衡跋

石眠雲

其沸如魚目微有聲爲一沸緣邊如湧泉連珠爲二沸騰波鼓浪爲三沸已上水老不可食也凡酌置諸碗令沫餑均沫餑湯之華也華之薄者曰沫厚者曰餑細輕者曰華如棗花漂漂然於環池之上又如迴潭曲渚青萍之始生又如

晴天爽朗有浮雲鱗然其沫者若綠錢浮於渭水又如菊英墮於尊俎之中餑者以滓煮之及沸則重華累沫皓皓然若積雪耳 茶經

水入銚便須急煮候有松聲即去蓋以消息其老嫩蟹眼之後水有微濤是為當時大濤鼎沸旋至無聲是為過時過時老湯決不堪用 茶疏

沸速則鮮嫩風逸沸遲則老熟昏鈍 茶疏

湯有三大辨一曰形辨二曰聲辨三曰捷辨

形爲内辨聲爲外辨氣爲捷辨如蝦眼蟹眼魚目連珠皆爲萌湯直至湧沸如騰波鼓浪水氣全消方是純熟如初聲轉聲振聲驟聲皆爲萌湯直至無聲方爲純熟如氣浮一縷二縷三縷及縷亂不分氤氲亂繞皆爲萌湯直至氣直沖貫方是純熟蔡君謨因古人製茶碾磨作餅則見沸而茶神便發此用嫩而不用老也今時製茶不假羅碾全具元體湯須純熟元神始發也 茶録

余友李南金云茶經以魚目湧泉連珠爲煮水之節然近世瀹茶鮮以鼎鑊用瓶煮水難以候視則當以聲辨一沸二沸三沸之節又陸氏之法以未就茶鑊故以第二沸爲合量而下未若以今湯就茶甌瀹之則當用背二涉三之際爲合量乃爲聲辨之詩云砌蟲唧唧萬蟬催忽有千車捆載來聽得松風并澗水急呼縹色綠磁杯其論固已精矣然瀹茶之法湯欲嫩而不欲老蓋湯嫩則茶味甘老

則過苦矣若聲如松風澗水而遽瀹之豈不過於老而苦哉惟移瓶去火少待其沸止而瀹之然後湯適中而茶味甘此南金之所未講者也因補一詩云松風桂雨到來初急引銅瓶離竹爐待得聲聞俱寂後一瓶春雪勝醍醐（羅大經鶴林玉露）

李南金謂當用背二涉三之際爲合量此真賞鑒家言而羅鶴林懼湯老欲於松風澗水後移瓶去火少待沸止而瀹之此語亦未中

竅殊不知湯既老矣雖去火何救哉茶解

評曰茶經定湯三沸而貴當時茶錄定沸三辨而畏萌湯夫湯貴適中萌之與熟皆在所棄初無關於茶之芽餅也今通人所論尚嫩茶錄所貴在老無乃濶於事情耶羅鶴林之談又别出兩家外矣羅經高君因而駁之今姑存諸説

茗笈上篇贊評終

茗笈下篇贊評

第九點瀹湯

贊曰伊公作羹陸氏制茶天錫甘露媚我僊芽

未曾汲水先備茶具必潔必燥瀹時壺蓋必仰置磁盂勿覆案上漆氣食氣皆能敗茶茶疏

茶注宜小不宜大小則香氣氤氳大則易於散漫若自斟酌愈小愈佳容水半升者量投茶五分其餘以是增減茶疏

投茶有序無失其宜先茶後湯曰下投湯半下茶復以湯滿曰中投先湯後投曰上投春秋中投夏上投冬下投茶錄

握茶手中俟湯入壺隨手投茶定其浮沉然後瀉以供客則乳嫩清滑馥郁鼻端病可令起疲可令爽茶疏

釃不宜早飲不宜遲釃早則茶神未發飲遲則妙馥先消茶錄

一壺之茶只堪再巡初巡鮮美再巡甘醇三

巡意欲盡矣余嘗與客戲論初巡爲婷婷嫋嫋十三餘再巡爲碧玉破瓜年三巡以來綠葉成陰矣所以茶注宜小小則再巡已終寧使餘芬剩馥尚留葉中猶堪飯後供啜嗽之用茶疏

終南僧亮公從天池來餉余佳茗授余烹點法甚細予嘗受法於陽羨士人大率先火候次候湯所謂蟹眼魚目參沸沫浮沉法皆同而僧所烹點絕味清乳面不黟是具入清淨

味中三昧者要之此一味非眠雲跂石人未易領畧余方避俗雅意栖禪安知不因是悟入趙州耶 陸樹聲茶寮記

許曰凡事俱可委人第責成効而已惟瀹茗須躬自執勞瀹茗而不躬執欲湯之良無有是處

第十辯器章

贊曰精行惟人精良惟器毋以不潔敗乃公事

鍑（音釜）以生鐵爲之洪州以磁萊州以石瓷與石皆雅器也性非堅實難可持久用銀爲之至潔但涉於侈麗雅則雅矣潔亦潔矣若用之恒而卒歸於鐵也（茶經）

山林隱逸水銚用銀尚不易得何況銀乎若用之恒而卒歸於鐵也（茶箋）

貴欠金銀賤惡銅鐵則磁瓶有足取焉幽人逸士品色尤宜然慎勿與誇珍衒豪者道（蘇廙仙芽傳）

金乃水母錫備剛柔味不鹹澀作銚最良製必穿心令火氣易透（茶錄）

茶壺往時尚龔春近日時大彬所製大爲時人所重蓋是粗砂正取砂無土氣耳（茶疏）

茶注茶銚茶甌最宜蕩滌燥潔修事甫畢餘瀝殘葉必盡去之如或少存奪香散味每日晨興必以沸湯滌過用極熟麻布向內拭乾以竹編架覆而庋之燥處烹時取用（茶疏）

茶具滌畢覆於竹架俟其自乾爲佳其拭巾

只宜拭外切忌拭內蓋布帨雖潔一經人手極易作氣縱器不乾亦無大害茶箋

茶甌以白磁爲上藍者次之茶錄

人必各手一甌毋勞傳送再巡之後清水滌之茶疏

茶盒以貯茶用錫爲之從大壜中分出若用盡時再取茶錄

茶爐或瓦或竹大小與湯銚稱茶解

評曰鍑宜鐵爐宜銅瓦竹易壞湯銚宜錫與

砂甌則但取圓潔白磁而已然宜小若必用柴汝宣成則貧士何所取辦哉許然明之論於是乎迂矣

第十一申忌章

贊曰宵人褻褻腥穢不戒犯我忌制至今爲慨

採茶制茶最忌手汗膻氣口臭多涕不潔之人及月信婦人又忌酒氣蓋茶酒性不相入故製茶人切忌沾醉茶解

茶性淫易於染着無論腥穢及有氣息之物不宜近即名香亦不宜近茶解

茶性畏紙紙於水中成受水氣多紙裹一夕隨紙作氣盡矣雖再焙之少頃即潤鴈宕諸山首坐此病紙帖貽遠安得復佳茶疏

吳興姚叔度言茶葉多焙一次則香味隨減一次予驗之良然但於始焙極燥多用炭箬如法封固即梅雨連旬燥固自若惟開壜頻取所以生潤不得不再焙耳自四五月至八

月極宜致謹九月以後天氣漸肅便可解嚴矣雖然能不弛懈尤妙尤妙茶箋

不宜用惡木敝器銅匙銅銚木桶柴薪麩炭粗童惡婢不潔巾帨及各色果實香藥茶錄

不宜近陰室廚房市喧小兒啼野性人童奴相鬧酷熱齋舍茶疏

評曰茶猶人也習於善則善習於惡則惡聖人致嚴於習染有以也墨子悲絲在所染之

第十二防濫章

贊曰客有霞氣人如玉姿不泛不施我
輩是宜
茶性儉不宜廣則其味黯淡且如一滿盌啜半
而味寡況其廣乎夫珍鮮馥烈者其盌數三次
之者盌數五若坐客數至五行三盌至七行五
盌若六人以下不約盌數但闕一人而已其雋
永補所闕人茶經
按經云第二沸留熱以貯之以備育華救沸
之用者名曰雋永五人則行三盌七人則行

五盌若遇六人但闕其一正得五人即行三盌以雋永補所闕人故不必別約盌數也茶箋

飲茶以客少爲貴客衆則喧喧則雅趣乏矣獨啜曰幽二客曰勝三四曰趣五六曰泛七八曰施茶錄

煎茶燒香總是清事不妨躬自執勞對客談諧豈能親蒞宜兩童司之器必晨滌手令時盥爪須淨剔火宜常宿茶疏

三人以上止爇一爐如五六人便當兩鬥爐

用一童湯方調適若令兼作恐有參差（茶疏）
煮茶而飲非其人猶汲乳泉以灌蒿蕕飲者一吸而盡不暇辨味俗莫甚焉（小品）
若巨器屢巡滿中瀉飲待停少溫或求濃苦何異農匠作勞但資口腹何論品賞何知風味乎（茶疏）
評曰飲茶防濫厥戒惟嚴其或客乍傾蓋朋偶消煩賓待解酲則玄賞之外別有攸施矣此皆排當於閫政請勿弁髦乎茶榜

第十三戒淆章

贊曰珍果名花匪我族類敢告司存亟宜屏置

茶有九難一曰造二曰別三曰器四曰火五曰水六曰炙七曰末八曰煮九曰飲陰采夜焙非造也嚼味嗅香非別也膻鼎腥甌非器也膏薪庖炭非火也飛湍壅潦非水也外熟內生非炙也碧粉縹塵非末也操艱攪遽非煮也夏興冬廢非飲也茶經

茶用葱薑棗橘皮茱萸薄荷等煮之百沸或揚令滑或煮去沫斯溝瀆間棄水耳茶經

茶有真香而入貢者微以龍腦和膏欲助其香建安民間試茶皆不入香恐奪其真若烹點之際又雜珍果香草其奪益甚正當不用茶譜

夫茶中着料碗中着果譬如玉貌加脂蛾眉着黛翻累本色茶說

評曰花之拌茶也果之投茗也爲累已久惟

其相沿似須斟酌有難槩施矣今署約曰不解點茶之儔而缺花果之供者厥咎慳久參玄賞之科而瞶老嫩之沸者厥咎怠慳與怠於汝乎有讁

第十四相宜章

贊曰宜寒宜暑者既游既處伴我獨醒爲君數舉

茶之爲用味至寒爲飲最宜精行儉德之人若熱渴凝悶腦疼目澀四肢煩百節不舒聊四五

啜與醍醐甘露抗衡也茶經

神農食經茶茗久服令人有力悅志茶經

華佗食論苦茶久食益意思茶經

煎茶非漫浪要須人品與茶相得故其法往往傳於高流隱逸有烟霞泉石磊塊胸次者陸樹聲煎茶七類

茶候凉臺淨室曲几明窻僧寮道院松風竹月晏坐行吟清談把卷七類

山堂夜坐汲泉煮茗至水火相戰如聽松濤

傾瀉入杯雲光瀲灔此時幽趣故難與俗人言矣茶解

凡士人登臨山水必命壺觴若茗椀薰爐置而不問是徒豪舉耳茶特置游裝精茗名香同行異室茶罌銚注甌洗盆巾附以香奩小爐香囊匙箸茶疏

評曰家緯真清語云茶熟香清有客到門可喜鳥啼花落無人亦自悠然可想其致也

第十五衡鑒章

贊曰肉食者鄙藿食者躁色味香品衡

鑒三妙

茶有千萬狀如胡人鞾者蹙縮然犎牛臆者廉襜然浮雲出山者輪囷然輕飆拂水者涵澹然有如陶家之子羅膏土以水澄泚之又如新治地者遇暴雨流潦之所經此皆茶之精腴有如竹籜者枝幹堅實艱於蒸擣故其形籭簁然有如霜荷者莖葉凋沮易其狀貌故厥狀萎瘁然此皆茶之瘠老者也陽崖陰林紫者上綠者次

筍者上芽者次葉卷者上葉舒者次茶經

茶通僊靈然有妙理茶解序

其旨歸於色香味其道歸於精燥潔茶錄序

茶之色重味重香重者俱非上品松羅香重六安味苦而香與松羅同天池亦有草萊氣龍井如之至雲霧則色重而味濃矣嘗啜虎丘茶色白而香似嬰兒肉真精絕岕茶記

茶色白味甘鮮香氣撲鼻乃爲精品茶之精者淡亦白濃亦白初潑白久貯亦白味甘色

白其香自溢三者得則俱得也近來好事者或慮其色重一注之水投茶數片味固不足香亦窅然終不免水厄之誚雖然尤貴擇水香以蘭花上蠶荳花次茶解

茶色貴白然白亦不難泉清瓶潔葉少水洗旋烹旋啜其色自白然真味抑鬱徒爲目食耳若取青綠則天池松蘿及岕之最下者雖冬月色亦如苔衣何足爲妙莫若余所收洞山茶自穀雨後五日者以湯薄澣貯壺良久

其色如玉至冬則嫩綠味甘色淡韻清氣醇亦作嬰兒肉香而芝芬浮蕩則虎丘所無也岕茶記

評曰熊君品茶旨在言外如釋氏所謂水中鹽味非非無非有非深於茶者必不能道當今非但能言人不可得正索解人亦不可得

第十六玄賞章

賛曰談席玄衿吟壇逸思品藻風流山家清事

其色緗也其馨歎（音備）也其味甘檟也啜苦咽甘茶也（茶經）

試茶歌曰木蘭墜露香微似瑶草臨波色不如又曰欲知花乳清泠味須是眠雲跂石人（劉禹錫）

飲泉覺爽啜茗忘喧謂非膏粱紈袴可語爰著者煮泉小品與枕石漱流者商焉（小品）

茶侶翰卿墨客緇衣羽士逸老散人或軒冕中超軼世味者（七類）

茶如佳人此論甚妙但恐不宜山林間耳蘇子瞻詩云從來佳茗似佳人是也若欲稱之山林當如毛女麻姑自然仙風道骨不浼烟霞若夫桃臉柳腰亟宜屏諸銷金帳中毋令汚我泉石小品

竟陵大師積公嗜茶非羽供事不鄉口羽出遊江湖四五載師絕於茶味代宗聞之召入內供奉命宮人善茶者烹以餉師師一啜而罷帝疑其詐私訪羽召入翼日賜師齋密令

羽供茶師捧甌喜動顏色且賞且啜曰此茶有若漸兒所爲者帝由是嘆師知茶出羽相見董逌跋陸羽點茶圖

建安能仁院有茶生石縫間僧采造得八餅號石岩白以四餅遺蔡君謨以四餅遣人走京師遺王禹玉歲餘蔡被召還闕訪禹玉禹玉命子弟於茶笥中選精品餉蔡蔡持杯未嘗輒曰此絕似能仁石岩白公何以得之禹玉未信索貼驗之始服類林

東坡云蔡君謨嗜茶老病不能飲日烹而玩之可發來者之一笑也孰知千載之下有同病焉余嘗有詩云年老躭彌甚脾寒量不勝去烹而玩之者幾希矣因憶老友周文甫自少至老茗椀薰爐無時蹔廢飲茶日有定期旦明晏食隅中餔時下舂黃昏凡六舉而客至烹點不與焉壽八十五無疾而卒非宿植清福烏能畢世安享視好而不能飲者所得不旣多乎嘗畜一龔春壺摩挱寶愛不啻掌

珠用之既久外類紫玉內如碧雲真奇物也

後以殉塋　茶箋

評曰人論茶葉之香未知茶花之香余往歲過友大雷山中正值花開童子摘以爲供幽香淸越絕自可人惜非甌中物耳乃予著餅史月表插茗花爲齋中淸玩而高廉盆史亦載茗花足以助吾玄賞

昨有友從山中來因談茗花可以點茶極有風致第未試耳姑存其說以質諸好事者

茗笈下篇終

外舅屠漢翁經年著書種種皆膾炙人口

大遠不佞無能更僕也其茗笈所彙若採

製點瀹品泉定湯藏茗辨器之類式之可

享清供讀之可悟玄賞矣請歸殺青庶展

牘間不待躬執而肘腋風生齒頰薦爽覺

眠雲跂石人相與晤言館甥范大遠記

茗笈品藻

品一

王嗣奭

昔人精茗事自蒔而採而製而藏而瀹而泉必躬爲料理又得家童潔慎者專司之則可余家食指繁不能給饔飧赤脚蒼頭僅供薪水性雖嗜茶精則無暇偶得佳者又泉品中下火候多舛雖胡韡與霜荷等余貧不足道即貴顯家力能製佳茗而委之僮婢烹瀹不盡如法故知非幽人開士披雲漱石者未易了此夫季疵著茶

經爲開山祖嗣後兢相祖述屠豳叟先生擷取而評賛之命曰茗笈於茗事庶幾終條理者昔人苦名山不能徧涉託之於卧游余於茗事效之日置此笈於棐几上伊吾之暇神倦口枯輒一披玩不覺習習清風兩腋間矣

品二　范汝梓

予謫歸過豳叟出茗笈相視凡陸季疵茶經諸家箋疏暨豳叟所自爲評賛直是一種異書按神農食經茗久服令人有力悅志周公爾雅檟

苦荼而伊尹爲湯說至味不及茗周禮漿人共王六飲不及茗厥後杜毓荈賦傳巽七誨間一及之而原之騷乘之發植之啓統之契草木之佳者采擷幾盡竟獨遺茗何歟因知古人不盡用茗盡用茗自季疵始一切世味葷羶甘脆爭染指垂涎此物面孔嚴冷絕無和氣稍稍霑唇漬口輒便唾去疇則嗜之咄咄幽窔世有知味必嗜茗併嗜此箋遇俗物茗不堪與酪爲奴此箋政可覆醬瓿也

品三　　陳鍈

夫茗靈芽眞筍露液霜華浅之滌煩消渴妙至換骨輕身藉非陸氏肇指於前蔡宋數家遞闡於後鮮不犯經所謂九難也者幽窗屠先生捘剔諸書標賛繫評曰茗笈云嗜茶者持循收藏按法烹點不將望先生爲丹丘子黄山君之儔耶要非畫脂鏤氷費日損功者可擬耳予斷除腥穢有年頗得清淨趣味比獲受讀甚愜素心

品四　　屠玉衡

幽寥著茗笈自陸季疵茶經而外採輯定品快人心目如坐玉壺氷啗哀仲梨也者幽寥吐納風流似張緒終日無鄙言似溫太真踪胥區中心超物外而余臭味偶同不覺針水契耳夫贊皇辨水積師辨茶精心奇鑒足傳千古幽寥庶乎近之試相與松間竹下置烏皮几焚博山爐爇惠山泉挹諸茗荈而飲之便自羲皇上人不遠

茗笈品藻終

煮泉小品敘

田子藝夙厭塵囂歷覽名勝竊慕司馬子長之
爲人窮搜遐討固嘗飲泉覺爽啜茶忘喧謂非
膏粱紈綺可語爰著煮泉小品與漱流枕石者
商焉考據該洽評品允當寔泉茗之信史也予
惟贊皇公之鑒水竟陵子之品茶躭以成癖罕
有儷者消丁公言茶圖頗論採造而未備蔡君
謨茶錄詳於烹試而弗精劉伯芻李季卿論水
之宜茶者則又互有同異與陸鴻漸相背馳甚

可疑矣近雲間徐伯臣氏作水品茶復畧備矣粤若子藝所品蓋兼昔人之所長得川原之雋味其器宏以深其思冲以淡其才清以越具可想也殆與泉茗相渾化者矣不足以洗塵囂而謝膏綺乎重違嘉懇勉綴首簡嘉靖甲寅冬十月既望仁和趙觀撰

煮泉小品敘畢

煮泉小品引

昔我田隱翁嘗自委曰泉石膏肓噫夫以膏肓之病固神醫之所不治者也而在于泉石則其病亦甚奇矣余少患此病心已忘之而人皆咎余之不治然徧檢方書苦無對病之藥偶居山中遇淡若叟向余曰此病固無恙也子欲治之即當煮清泉白石加以苦茗服之久久雖辟穀可也又何患于膏肓之病邪余敬頓首受之遂依法調飲自覺其效日著因廣其意條輯成編

以付司鼎山童俾遇有同病之客來便以此薦
之若有如煎金玉湯者來慎弗出之以取彼之
鄙笑時嘉靖甲寅秋孟中元日錢唐田藝衡序

煮泉小品引畢

煑泉小品敘

田子子藝抱軸轢江山之氣吐吞葩藻之才夙厭塵囂歷覽名勝竊慕司馬子長之爲人窮搜遐討固嘗飲泉覺爽啜茶忘喧謂非膏粱紈綺可語爰著煑泉小品與漱流枕石者商焉頃於子謙所出以示予考據該洽評品允當實泉茗之信史也命予敘之刻燭以竢予惟贊皇公之鑒水竟陵子之品茶耽以成癖罕有儷者洎丁公言茶圖顓論採造而未備蔡君謨茶錄詳於

烹試而弗精劉伯芻李秀卿論水之宜茶者則又互有同異與陸鴻漸相背馳甚可疑笑近雲間徐伯臣氏作水品茶復略矣粵若子藝所品蓋兼昔人之所長得川原之雋味其器宏以深其思冲以淡其才清以越具可想也殆與泉茗相渾化者矣不足以洗塵囂而謝膏綺乎重違嘉懇勉綴首簡第即席摛辭愧不工耳仁和趙觀撰

說郛續以敘爲引[illegible]

余嘗著煮泉小品其取裁于鴻漸茶經者十有三每閱一過則塵吻生津自謂可以忘渴也近遊吳興會伯臣示水品其旨契余者十有三緬視又新永叔諸篇更入神矣錢唐田藝蘅題

右説郛續廿之下卷無之

煮泉小品目錄

煮泉小品目錄終

煮泉小品

明錢唐田藝蘅撰

源泉

積陰之氣爲水水本曰源源曰泉水本作巛象衆水並流中有微陽之氣也省作水源本作原亦作𠫐从泉出厂下厂山岩之可居者省作原今作源泉本作𤽄象水流出成川形也知三字之義而泉之品思過半矣

山下出泉曰蒙蒙稺也物稺則天全水稺則味

全故鴻漸曰山水上其曰乳泉石池漫流者蒙之謂也其曰瀑湧湍激者則非蒙矣故戒人勿食

混混不舍皆有神以主之故天神引出萬物而漢書三神山嶽其一也

源泉必重而泉之佳者尤重餘杭徐隱翁嘗爲余言以鳳皇山泉較阿姥墩百花泉便不及五錢可見仙源之勝矣

山厚者泉厚山奇者泉奇山清者泉清山幽者

泉幽皆佳品也不厚則薄不奇則蠢不清則濁不幽則喧必無佳泉

山不亭處水必不亭若亭卽無源者矣旱必易涸

石流

石山骨也流水行也山宣氣以產萬物氣宣則脈長故曰山水上博物志石者金之根甲石流精以生水又曰山泉者引地氣也

泉非石出者必不佳故楚詞云飲石泉兮蔭松

栢皇甫曾送陸羽詩幽期山寺遠野飯石泉清梅堯臣碧霄峰茗詩烹處石泉嘉又云小石冷泉留早味誠可謂賞鑑者矣

咸感也山無澤則必崩澤感而山不應則將怒而爲洪

泉往往有伏流沙土中者挹之不竭即可食不然則滲瀦之潦耳雖清勿食

流遠則味淡須深潭渟畜以復其味乃可食

泉不流者食之有害博物志山居之民多癭腫

疾由于飲泉之不流者

泉湧出曰濆在在所稱珍珠泉者皆氣盛而脉湧耳切不可食取以釀酒或有力

泉有或湧而忽涸者氣之鬼神也劉禹錫詩沸井今無湧是也否則徒泉喝水果有幻術邪泉懸出曰沃暴溜曰瀑皆不可食而廬山水簾洪州天台瀑布皆入水品與陸經背矣故張曲江廬山瀑布詩吾聞山下蒙今乃林巒表物性有詭激坤元曷紛矯默然置此去變化誰能了則

識者固不食也然瀑布實山居之珠箔錦幙也以供耳目誰曰不宜

清寒

清朗也靜也澂水之貌寒冽也凍也覆冰之貌泉不難于清而難于寒其瀨峻流駛而清岩奥陰積而寒者亦非佳品

石少土多沙膩泥凝者必不清寒

蒙之象曰果行井之象曰寒泉不果則氣滯而光不澄不寒則性燥而味必嗇

氷堅水也窮谷陰氣所聚不洩則結而爲伏陰也在地英明者惟水而氷則精而且冷是固清寒之極也謝康樂詩鑿氷煮朝飧拾遺記蓬萊山氷水飲者千歲

下有石硫黃者發爲溫泉在在有之又有共出一壑半溫半冷者亦在在有之皆非食品特新安黃山朱砂湯泉可食圖經云黃山舊名黟山東峰下有朱砂湯泉可點茗春色微紅此則自然之丹液也拾遺記蓬萊山沸水飲者千歲此

又仙飲

有黄金處水必清有明珠處水必媚有子鮒處水必腥腐有蛟龍處水必洞黑黴惡不可不辨也

甘香

甘美也香芳也尚書稼穡作甘黍甘爲香黍惟甘香故能養人泉惟甘香故亦能養人然甘易而香難未有香而不甘者也

味美者曰甘泉氣芳者曰香泉所在間有之

泉上有惡木則葉滋根潤皆能損其甘香甚者
能釀毒液尤宜去之
甜水以甘稱也拾遺記員嶠山北甜水遶之味
甜如蜜十洲記元洲玄澗水如蜜漿飲之與天
地相畢又曰生洲之水味如飴酪
水中有丹者不惟其味異常而能延年卻疾須
名山大川諸仙翁脩煉之所有之葛玄少時爲
臨沅令此縣廖氏家世壽疑其井水殊赤乃試
掘井左右得古人埋丹砂數十斛西湖葛井乃

稚川煉所在馬家園後澗井出石匣中有丹數枚如芡實啖之無味棄之有施漁翁者拾一粒食之壽一百六歲此丹水尤不易得凡不淨之器切不可汲

宜茶

茶南山嘉木日用之不可少者品固有嫩惡若不得其水且煮之不得其宜雖佳弗佳也

茶如佳人此論雖妙但恐不宜山林間耳昔蘇子瞻詩從來佳茗似佳人曾茶山詩移人尤物

衆談誇是也若欲稱之山林當如毛女麻姑自然仙風道骨不浼烟霞可也必若桃臉柳腰宜亟屛之銷金帳中無俗我泉石

鴻漸有云烹茶于所產處無不佳蓋水土之宜也此誠妙論况旋摘旋瀹兩及其新邪故茶譜亦云蒙之中頂茶若獲一兩以本處水煎服即能袪宿疾是也今武林諸泉惟龍泓入品而茶亦惟龍泓山爲最蓋玆山深厚高大佳麗秀越爲兩山之主故其泉清寒甘香雅宜煮茶虞伯

生詩但見瓢中清翠影落群岫烹煎黃金芽不取穀雨後姚公綬詩品嘗顧渚風斯下零落茶經柰爾何則風味可知矣又况爲葛仙翁煉丹之所哉又其上爲老龍泓寒碧倍之其地産茶爲南北山絕品鴻漸第錢唐天竺靈隱者爲下品當未識此耳而郡志亦只稱寶雲香林白雲諸茶皆未若龍泓之清馥雋永也余嘗一一試之求其茶泉雙絕兩浙罕伍云

龍泓今稱龍井因其深也郡志稱有龍居之非

也蓋武林之山皆發源天目以龍飛鳳舞之讖故西湖之山多以龍名非真有龍居之也有龍則泉不可食矣泓上之閣亟宜去之浣花諸池尤所當浚

鴻漸品茶又云杭州下而臨安於潛生于天目山與舒州同固次品也葉清臣則云茂錢唐者以徑山稀今天目遠勝徑山而泉亦天淵也洞霄次徑山

嚴子瀨一名七里灘蓋砂石上曰瀨曰灘也總

謂之漸江但潮汐不及而且深澄故入陸品耳余嘗清秋泊釣臺下取囊中武夷金華二茶試之固一水也武夷則黃而燥冽金華則碧而清香乃知擇水當擇茶也鴻漸以婺州爲次而清臣以白乳爲武夷之右今優劣頓反矣意者所謂離其處水功其半者邪

茶自淛以北皆較勝惟閩廣以南不惟水不可輕飲而茶亦當慎之昔鴻漸未詳嶺南諸茶仍云往往得之其味極佳余見其地多瘴癘之氣

染着草木北人食之多致成疾故謂人當愼之
要須采摘得宜待其日出山霽露收嵐靜可也
茶之團者片者皆出于碾磑之末既損眞味復
加油垢卽非佳品總不若今之芽茶也盖天然
者自勝耳曾茶山日鑄茶詩寳銙自不乏山芽
安可無蘇子瞻壑源試焙新茶詩要知玉雪心
腸好不是膏油首面新是也且末茶瀹之有屑
滯而不爽知味者當自辨之
芽茶以火作者爲次生曬者爲上亦更近自然

且斷烟火氣耳况作人手器不潔火候失宜皆能損其香色也生曬茶瀹之甌中則旗鎗舒暢清翠鮮明尤爲可愛

唐人煎茶多用薑鹽故鴻漸云初沸水合量調之以鹽味薛能詩鹽損添常戒薑宜着更誇蘇子瞻以爲茶之中等用薑煎信佳鹽則不可余則以爲二物皆水厄也若山居飲水少下二物以滅嵐氣或可耳而有茶則此固無須也

今人薦茶類下茶果此尤近俗縱是佳者能損

眞味亦宜去之且下果則必用匙若金銀大非山居之器而銅又生腥皆不可也若舊稱北人和以酥酪蜀人入以白鹽此皆蠻飲固不足責耳

人有以梅花菊花茉莉花薦茶者雖風韻可賞亦損茶味如有佳茶亦無事此

有水有茶不可無火非無火也有所宜也李約云茶須緩火炙活火煎活火謂炭火之有焰者蘇軾詩活火仍須活水烹是也余則以爲山中

不常得炭且死火耳不若枯松枝爲妙若寒月多拾松實畜爲煮茶之具更雅

人但知湯候而不知火候火然則水乾是試火先于試水也呂氏春秋伊尹說湯五味九沸九變火爲之紀

湯嫩則茶味不出過沸則水老而茶乏惟有花而無衣乃得點瀹之候耳

唐人以對花啜茶爲殺風景故王介甫詩金谷千花莫漫煎其意在花非在茶也余則以爲金

谷花前信不宜矣若把一甌對山花啜之當更助風景又何必羔兒酒也

煮茶得宜而飲非其人猶汲乳泉以灌蒿蕕罪莫大焉飲之者一吸而盡不暇辨味俗莫甚焉

靈水

靈神也天一生水而精明不淆故上天自降之澤實靈水也古稱上池之水者非與要之皆仙飲也

露者陽氣勝而所散也色濃為甘露凝如脂美

如飴一名膏露一名天酒十洲記黃帝寶露洞冥記五色露皆靈露也莊子曰姑射山神人不食五穀吸風飲露山海經仙丘絳露仙人常飲之博物志沃渚之野民飲甘露拾遺記含明之國承露而飲神異經西北海外人長二千里日飲天酒五斗楚詞朝飲木蘭之墜露是露可飲也

雪者天地之積寒也汜勝書雪為五谷之精拾遺記穆王東至大撖之谷西王母來進嵰州甜

雪是靈雪也陶穀取雪水烹團茶而丁謂煎茶
詩痛惜藏書篋堅留待雪天李虛己建茶呈學
士詩試將梁苑雪煎動建溪春是雪尤宜茶飲
也處士列諸末品何邪意者以其味之燥乎若
言太冷則不然矣
雨者陰陽之和天地之施水從雲下輔時生養
者也和風順雨明雲甘雨拾遺記香雲遍潤則
成香雨皆靈雨也固可食若夫龍所行者暴雨
雨霪者旱雨凍者腥雨墨者及檐溜者皆不可

食
文子曰水之道上天為雨露下地為江河均一
水也故特表靈品

異泉

異奇也水出地中與常不同皆異泉也亦仙飲
也醴泉醴一宿酒也泉味甜如酒也聖王在上
德普天地刑賞得宜則醴泉出食之令人壽考
玉泉玉石之精液也山海經密山出丹水中多
玉膏其源沸湯黃帝是食十洲記瀛洲玉石高

千丈出泉如酒味甘名玉醴泉食之長生又方
丈洲有玉石泉崑崙山有玉水尹子曰凡水方
折者有玉
乳泉石鍾乳山骨之膏髓也其泉色白而體重
極甘而香若甘露也
朱砂泉下產朱砂其色紅其性溫食之延年卻
疾
雲母泉下產雲母明而澤可煉爲膏泉滑而甘
茯苓泉山有古松者多產茯苓神仙傳松脂淪

入地中千歲爲茯苓也其泉或赤或白而甘香倍常又朮泉亦如之非若杞菊之產于泉上者也

金石之精草木之英不可殫述與瓊漿並美非凡泉比也故爲異品

江水

江公也衆水共入其中也水共則味雜故鴻漸曰江水中其曰取去人遠者蓋去人遠則澄清而無盪瀁之漓耳

泉自谷而溪而江而海力以漸而弱氣以漸而薄味以漸而鹹故曰水曰潤下潤下作鹹旨哉又十洲記扶桑碧海水既不鹹苦正作碧色甘香味美此固神仙之所食也

潮汐近地必無佳泉蓋斥鹵誘之也天下潮汐惟武林最盛故無佳泉西湖山中則有之

楊子固江也其南泠則夾石渟淵特入首品余嘗試之誠與山泉無異若吳淞江則水之最下者也亦復入品甚不可解

見松

井水

井清也泉之清潔者也通也物所通用者也法也節節也法制居人令節飲食無窮竭也其清出于陰其通入于淆其法節由于不得已脉墻而味滯故鴻漸曰井水下其曰井取汲多者蓋汲多則氣通而流活耳終非佳品勿食可也

市廛民居之井烟爨稠密汙穢滲漏特潢潦耳在郊原者庶幾

深井多有毒氣葛洪方五月五日以雞毛試投

井中毛直下無毒若迴四邊不可食淘法以竹
篩下水方可下汲

若山居無泉鑿井得水者亦可食

井味鹹色綠者其源通海舊云東風時鑿井則
通海脉理或然也

井有異常者若火井粉井雲井風井鹽井膠井
不可枚舉而水井則又純陰之寒也皆宜知之

緒談

凡臨佳泉不可容易漱濯犯者每為山靈所憎

泉坎須越月淘之革故鼎新妙運當然也

山木固欲其秀而蔭若叢惡則傷泉今雖未能使瑤草瓊花披拂其上而脩竹幽蘭自不可少也

作屋覆泉不惟殺盡風景亦且陽氣不入能致陰損戒之戒之若其小者作竹罩以籠之防其不潔之侵勝屋多矣

泉中有蝦蟹子虫極能腥味亟宜淘淨之僧家以羅濾水而飲雖恐傷生亦取其潔也包幼嗣

淨律院詩濾水澆新長馬戴禪院詩濾泉侵月起僧簡長詩花壺濾水添是也于鵠過張老園林詩濾水夜澆花則不惟僧家戒律爲然而脩道者亦所當爾也

泉稍遠而欲其自入于山廚可接竹引之承之以奇石貯之以琤缸其聲尤琤淙可愛駱賓王詩刳木取泉遥亦接竹之意

去泉再遠者不能自汲須遣誠實山童取之以免石頭城下之僞蘇子瞻愛玉女河水付僧調

泉坎須越月淘之革故鼎新妙運當然也

山木固欲其秀而蔭若叢惡則傷泉今雖未能使瑶草瓊花披拂其上而脩竹幽蘭自不可少也

作屋覆泉不惟殺盡風景亦且陽氣不入能致陰損戒之戒之若其小者作竹罩以籠之防其不潔之侵勝屋多矣

泉中有蝦蟹子虫極能腥味亟宜淘淨之僧家以羅濾水而飲雖恐傷生亦取其潔也包幼嗣

淨律院詩濾水澆新長馬戴禪院詩濾泉侵月
起僧簡長詩花壺濾水添是也于鵠過張老園
林詩濾水夜澆花則不惟僧家戒律爲然而脩
道者亦所當爾也
泉稍遠而欲其自入于山厨可接竹引之承之
以奇石貯之以琤釭其聲尤琤淙可愛駱賓王
詩刳木取泉遥亦接竹之意
去泉再遠者不能自汲須遣誠實山童取之以
免石頭城下之僞蘇子瞻愛玉女河水付僧調

水符取之亦惜其不得枕流焉耳故曾茶山謝送惠山泉詩舊時水遞費經營

移水而以石洗之亦可以去其摇盪之濁滓若其味則愈揚愈減矣

移水取石子置瓶中雖養其味亦可澄水令之不淆黄魯直惠山泉詩錫谷寒泉撱石俱是也

擇水中潔淨白石帶泉煑之尤妙尤妙

汲泉道遠必失原味唐子西云茶不問團銙要之貴新水不問江井要之貴活又云提瓶走龍

塘無數千步此水宜茶不減清遠峽而海道趨建安不數日可至故新茶不過三月至矣今據所稱已非嘉賞蓋建安皆碾磑茶且必三月而始得不若今之芽茶于清明穀雨之前陟采而降煮也數千步取塘水較之石泉新汲左杓右鐺又何如哉余嘗謂二難具享誠山居之福者也

山居之人固當惜水況佳泉更不易得尤當惜之亦作福事也章孝標松泉詩注瓶雲母滑瀲

齒茯苓香野客偷煎茗山僧惜淨牀夫言偷則誠貴矣言惜則不賤用矣安得斯客斯僧也而與之爲鄰邪

山居有泉數處若冷泉午月泉一勺泉皆可入品其視虎丘石水殆主僕矣惜未爲名流所賞也泉亦有幸有不幸邪要之隱于小山僻野故不彰耳竟陵子可作便當煑一盃水相與蔭青松坐白石而仰視浮雲之飛也

煑泉小品終

煮泉小品跋

子藝作泉品品天下之泉也予問之曰盡乎子藝曰未也夫泉之名有甘有醴有冷有溫有廉有讓有君子焉皆榮也在廣有貪在柳有愚在狂國有狂在安豐軍有咄在日南有淫雖孔子亦不飲者有盜皆辱也子聞之曰有是哉亦存乎其人爾天下之泉一也惟和士飲之則爲甘祥士飲之則爲醴清士飲之則爲冷厚士飲之則爲溫飲之於伯夷則爲廉飲之於虞舜則爲

讓飲之於孔門諸賢則爲君子使泉雖惡亦不
得而汙之也惡乎辱泉遇伯封可名爲貪遇宋
人可名爲愚遇謝奕可名爲狂遇楚項羽可名
爲咄遇鄭衛之俗可名爲淫其遇蹠也又不得
不名爲盜使泉雖美亦不得而自濯也惡乎榮
子蓺曰噫子品泉矣子將兼品其人乎予山中
泉數種請附其語于集且以貽同志者毋混飲
以辱吾泉餘杭蔣灼題

煮泉小品後跋終

明喻政輯　萬曆四十一年刊

茶書

2

第二册

智部

信部

茶書 七、八

茶書 七

茶錄 記
茶考 記
茶說 記
茶疏 記

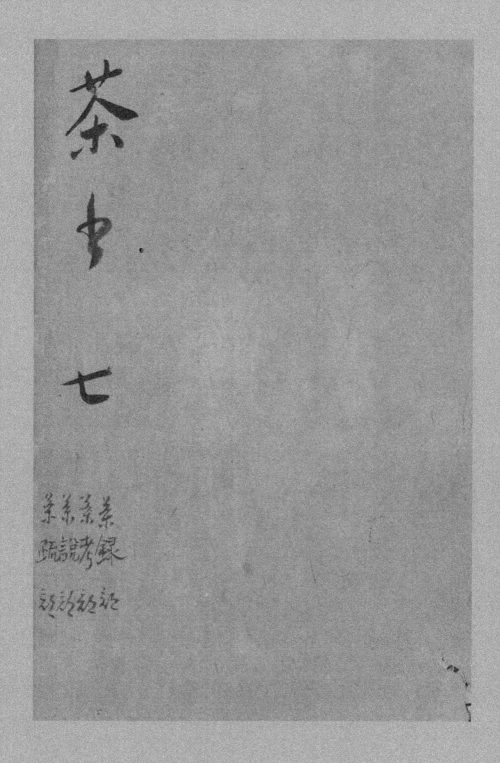

茶錄序

朝奉郎右正言同修起居注臣蔡襄上進

臣前因奏事伏蒙

陛下諭臣先任福建轉運使日所進上品龍茶最爲精好臣退念草木之微首辱

陛下知鑒若處之得地則能盡其材昔陸羽茶經不第建安之品丁謂茶圖獨論採造之本至于烹試曾未有聞臣輒條數事簡而易明勒成二篇名曰茶錄伏惟

淸閒之宴或賜
觀采臣不勝惶懼榮幸之至謹序

茶錄序畢

茶錄全

宋莆陽蔡襄君謨著

上篇茶論

色

茶色貴白而餅茶多以珍膏油去聲其面故有青黃紫黑之異善別茶者正如相工之瞟人氣色也隱然察之于內以肉理實潤者為上既已末之黃白者受水昏重青白者受水鮮明故建安人鬭試以青白勝黃白

香

茶有眞香而入貢者微以龍腦和膏欲助其香建安民間試茶皆不入香恐奪其眞若烹點之際又雜珍果香草其奪益甚正當不用

味

茶味主于甘滑惟北苑鳳凰山連屬諸焙所產者味佳隔溪諸山雖及時加意製作色味皆重莫能及也又有水泉不甘能損茶味前世之論水品者以此

藏茶

茶宜蒻葉而畏香藥喜溫燥而忌濕冷故收藏之家以蒻葉封裹入焙中兩三日一次用火常如人體溫溫則禦濕潤若火多則茶焦不可食

炙茶

茶或經年則茶色味皆陳於淨器中以沸湯漬之刮去膏油一兩重乃止以鈐箝之微火炙乾然後碎碾若當年新茶則不用此說

碾茶

碾茶先以淨紙密裹椎碎然後熟碾其大要旋碾則色白或經宿則色已昏矣

羅茶

羅細則茶浮麤則水浮

候湯

候湯最難未熟則沫浮過熟則茶沉前世謂之蟹眼者過熟湯也沉瓶中煮之不可辯故曰候湯最難

熁盞

凡欲點茶先須熁盞令熱冷則茶不浮

點茶

茶少湯多則雲脚散湯少茶多則粥面聚（建人謂之雲脚粥面）鈔茶一錢匕先注湯調令極勻又添注入環廻擊拂湯上盞可四分則止眡其面色鮮白著盞無水痕爲絶佳建安鬬試以水痕先者爲負耐久者爲勝故較勝負之説曰相去一水兩

水

下篇論茶器

茶焙

茶焙編竹爲之裹以蒻葉蓋其上以收火也隔其中以有容也納火其下去茶尺許常溫溫然所以養茶色香味也

茶籠

茶不入焙者宜密封裹以蒻籠盛之置高處不近濕氣

砧椎

砧椎蓋以碎茶砧以木爲之椎或金或鐵取於

便用

茶鈐

茶鈐屈金鐵爲之用以炙茶

茶碾

茶碾以銀或鐵爲之黃金性柔銅及碖石皆能生鉎（音星）不入用

茶羅

茶羅以絕細爲佳羅底用蜀東川鵝溪畫絹之密者投湯中揉洗以冪之

茶盞

茶色白宜黑盞建安所造者紺黑紋如兎毫其柸微厚熁之久熱難冷最爲要用出他處者或薄或色紫皆不及也其青白盞鬭試家自不用

茶匙

茶匙要重擊拂有力黄金爲上人間以銀鐵爲之竹者輕建茶不取

湯缾

缾要小者易候湯又點茶注湯有準黄金爲上

人間以銀鐵或瓷石爲之

茶錄終

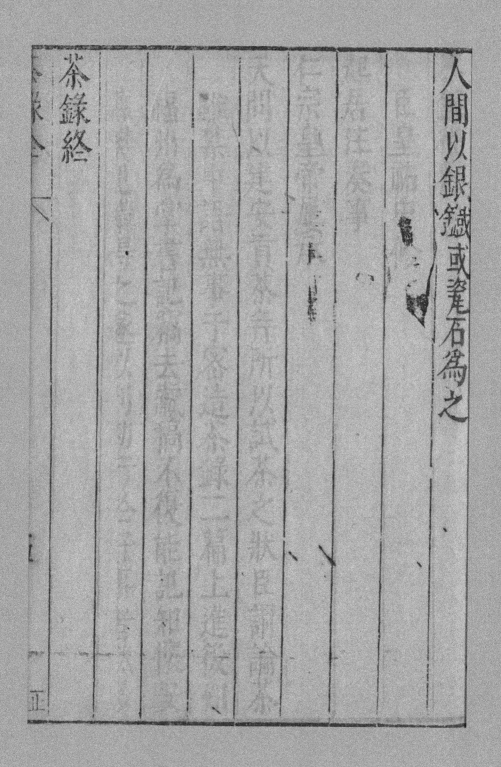

茶色白宜黑盞建安所造者紺黑紋如兔毫其坯微厚熁之久熱難冷最為要用出他處者或薄或色紫皆不及也其青白盞鬥試家自不用

茶匙

茶匙要重擊拂有力黃金為上人間以銀鐵為之竹者輕建茶不取

湯瓶

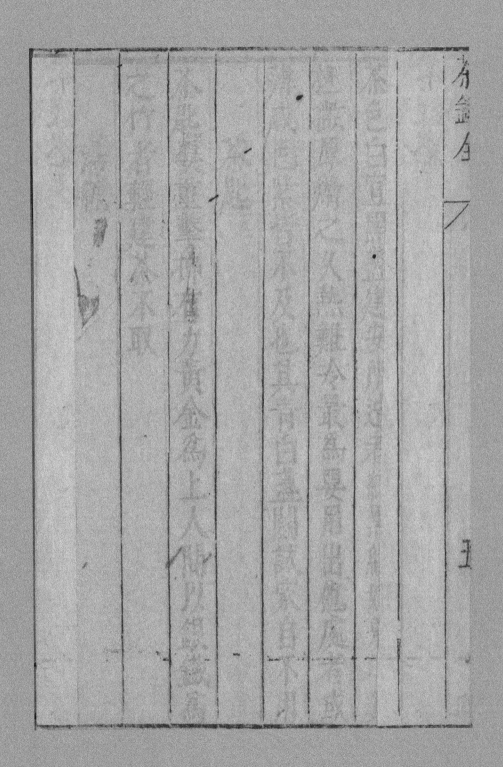

茶錄後序

臣皇祐中修

起居注奏事

仁宗皇帝屢承

天問以建安貢茶幷所以試茶之狀臣謂論茶雖禁中語無事于密造茶錄二篇上進後知福州爲掌書記竊去藏稿不復能記知懷安縣樊紀購得之遂以刋勒行於好事者然多舛謬臣追念

先帝顧遇之恩攬本流涕輒加正定書之于石
以永其傳
治平元年五月二十六日三司使給事中臣蔡
襄謹記

茶錄後序

茶爲物之至精而小團又其精者錄叙所謂上品龍茶者是也蓋自君謨始造而歲貢焉仁宗尤所珍惜雖輔相之臣未嘗輙賜惟南郊大禮致齋之夕中書樞密院各四人共一賜一餅宮人剪金爲龍鳳花草貼其上兩府八家分割以歸不敢碾試相家藏以爲寶時有佳客出而傳翫爾至嘉祐七年親享明堂齋夕始人賜一餅余亦忝預至今藏之余自以諫官供奉仗內至

登二府二十餘年纔一獲賜而丹成龍駕舐鼎
莫及每一捧玩清血交零而已因君謨著録輒
附于後庶知小團自君謨始而可貴如此
治平甲辰七月丁丑廬陵歐陽脩書還公期書
室

茶考

錢唐陳師思貞著

陸龜蒙自云嗜茶作品茶一書繼茶經茶訣之後自註云茶經陸季疵撰即陸羽也羽字鴻漸季疵或其別字也茶訣今不傳及覽事類賦多引茶訣此書間有之未廣也

世以山東蒙陰縣山所生石蘚謂之蒙茶士夫亦珍重之味亦頗佳殊不知形已非茶不可煮又乏香氣茶經所不載也蒙頂茶出四川雅州

即古蒙山郡其圖經云蒙頂有茶受陽氣之全故茶芳香方輿一統志土產俱載之晁氏客話亦言出自雅州李德裕丞相入蜀得蒙餅沃於湯缾之上移時盡化以驗其真文彥博謝人惠蒙茶云舊譜最稱蒙頂味露芽雲液勝醍醐蔡襄有歌曰露芽錯落一番新吳中復亦有詩云我聞蒙頂之巔多秀嶺惡草不生生淑茗今少有者蓋地既遠而蒙山有五峰其最高曰上清方產此茶且時有瑞雲影見虎豹龍蛇居之人

跡罕到不易取茶經品之於次者蓋東蒙山非此也

世傳烹茶有一横一竪而細嫩於湯中者謂之旗鎗茶麈史謂之始生而嫩者爲一鎗浸大而展爲一旗過此則不堪矣葉清臣著茶述曰粉鎗末旗蓋以初生如針而有白毫故曰粉鎗後大則如旗矣此與世傳之説不同亦如麈史之意皆在取列也不知歐陽公新茶詩曰鄙哉穀雨鎗與旗王荆公又曰新茗齋中試一旗則似

不取也或者二公以雀舌爲旗鎗耳不知雀舌乃茶之下品今人認作旗鎗非是故沈存中詩云誰把嫩香名雀舌定應北客未曾嘗不知靈草天然異一夜春風一寸長或二公又有別論又觀東坡詩云揀芽分雀舌賜茗出龍團終未若前詩評品之當也

予性喜飲酒而不能多不過五七行性終便嗜茶隨地咀其味且有知予而見貽者大較天池爲上性香軟而色青可愛與龍井亦不相下雅

州蒙茶不可易致矣若東甌之鴈山次之赤城之大磐次之陵毘之羅嵴又次之味雖可而葉粗非萌芽倫也宣城陽坡茶杜牧稱爲佳品恐不能出天池龍舌之右古睦茶葉粗而味苦閩茶香細而性硬蓋茶隨處有之擅名即魁也烹茶之法唯蘇吳得之以佳茗入磁瓶火煎酌量火候以數沸蟹眼爲節如淡金黃色香味清馥過此而色赤不佳矣故前人詩云揀時須是雨前品煎處當來肘後方古人重煎法如此若貯

茶之法收時用淨布鋪薰籠內置茗于布上覆籠蓋以微火焙之火烈則燥候極乾晾冷以新磁礶又以新箬葉剪寸半許雜茶葉實其中封固五月八月濕潤時仍如前法烘焙一次則香色永不變然此須清齋自料理非不解事蒼頭婢子可塞責也

杭俗烹茶用細茗置茶甌以沸湯點之名爲撮泡北客多哂之予亦不滿一則味不盡出一則泡一次而不用亦費而可惜殊失古人蟹眼鷓

鴣斑之意況雜以他菓亦有不相入者味平淡
者差可如燻梅鹹筍醃桂櫻桃之類尤不相宜
盖鹹能入腎引茶入腎經消腎此本草所載又
豈獨失茶眞味哉予每至山寺有解事僧烹茶
如吳中置磁壺二小甌于案全不用菓奉客隨
意啜之可謂知味而雅緻者矣

永昌太守錢唐陳思貞少有書淫老而彌篤
蹝脫郡組市隱通都門無雜賓家無長物時
乎懸磬晷亦復晏如口誦耳聞目睹足履有會

心嘅志處臚列手存久而成卷凡數十種寧
瞼炙人間晚有茲編愈出愈奇豈中郎帳中
所能秘也萬曆癸巳玄月蜀衞承芳題

茶説

明東海屠隆著

茶寮

搆一斗室相傍書齋內設茶具教一童子專主茶設以供長日清談寒宵兀坐幽人首務不可少廢者

茶品

與茶經稍異今烹製之法亦與蔡陸諸前人不同

虎丘

最號精絶爲天下冠惜不多產皆爲豪右所據寂莫山家無繇獲購矣

天池

青翠芳馨瞰之賞心嗅亦消渴誠可稱仙品諸山之茶尤當退舍

陽羨

俗名羅岕浙之長興者佳荆溪稍下細者其價兩倍天池惜乎難得須親自採收方妙

六安、

品亦精入藥最効但不善炒不能發香而味苦茶之本性實佳

龍井

不過十數畝外此有茶似皆不及大抵天開龍泓美泉山靈特生佳茗以副之耳山中僅有一二家炒法甚精近有山僧焙者亦妙眞者天池不能及也

天目

爲天池龍井之次亦佳品也地誌云山中寒氣早嚴山僧至九月即不敢出冬來多雪三月後方通行茶之萌芽較晚

採茶

不必太細細則芽初萌而味欠足不必太青青則茶以老而味欠嫩須在穀雨前後覔成梗帶葉微綠色而團且厚者爲上更須天色晴明採之方妙若閩廣嶺南多瘴癘之氣必待日出山霽雲霧障嵐氣收淨採之可也穀雨日晴明採者

能治痰嗽療百疾

日晒茶

茶有宜以日晒者青翠香潔勝以火炒

焙茶

茶採時先自帶鍋竈入山別租一室擇茶工之尤良者倍其雇值戒其搓摩勿使生硬勿令過焦細細炒燥扇冷方貯罌中

藏茶

茶宜箬葉而畏香藥喜溫燥而忌冷濕故收藏

之家先於清明時收買箬葉揀其最青者預焙極燥以竹絲編之每四片編為一塊聽用又買宜興新堅大罌可容茶十斤以上者洗淨焙乾聽用山中焙茶回復焙一番去其茶子老葉枯焦者更梗屑以大盆埋伏生炭覆以竈中敲細赤火既不生烟又不易過置茶焙下焙之約以二斤作一焙別用炭火入大爐內將罌懸架其上至燥極而止以編箬襯于罌底茶燥者扇冷方先入罌茶之燥以拈起即成末為驗隨焙隨

入既滿又以箬葉覆于罌上每茶一斤約用箬二兩口用尺八紙焙燥封固約六七層押以方厚白木板一塊亦取焙燥者然後于向明淨室高閣之用時以新燥宜興小瓶取出約可受四五兩隨即包整夏至後三日再焙一次秋分後三日又焙一次一陽後三日又焙之連山中共約五焙直至交新色味如一罌中用淺更以燥箬葉貯之則久而不浥

又法

以中罈盛茶十斤一瓶每瓶燒稻草灰入于大桶將茶瓶座桶中以灰四面塡桶瓶上覆灰築實每用撥開瓶取茶些少仍復覆灰再無蒸壞次年換灰

又法

空樓中懸架將茶瓶口朝下放不蒸緣蒸氣自天而下也

花茶

茗花入茶本色香味尤嘉茉莉花以熱水半杯

放冷鋪竹紙一層上穿數孔晚時採初開茉莉花綴於孔內上用紙封不令泄氣明晨取花簪之水香可點茶

擇水

天泉〇秋水為上梅水次之秋水白而洌梅水白而甘甘則茶味稍奪洌則茶味獨全故秋水較差勝之春冬二水春勝于冬皆以和風甘雨得天地之正施者為妙惟夏月暴雨不宜或因風雷所致實天之流怒也〇龍行之水暴而淫

者旱而凍者腥而墨者皆不可食○雪爲五穀
之精取以煎茶幽人清況
地泉○取乳泉漫流者如梁溪之惠山泉爲最
勝○取清寒者泉不難于清而難于寒石少土
多沙膩泥凝者必不清寒且瀨峻流駛而清巖
奥陰積而寒者亦非佳品○取香甘者泉惟香
甘故能養人然甘易而香難未有香而不甘者
○取石流者泉非石出者必不佳○取出脉透
迤者山不停處水必不停若停卽無源者矣旱

必易涸往往有伏流沙土中者挹之不竭即可食不然則滲瀦之潦耳雖清勿食○有瀑湧湍急者勿食食久令人有頭疾如廬山水簾洪州天台瀑布誠山居之珠箔錦幙以供耳目則可入水品則不宜矣○有溫泉下生硫黃故然有同出一壑半溫半冷者皆非食品○有流遠者遠則味薄取深潭停蓄其味迺復○有不流者食之有害博物志曰山居之民多癭腫由於飲泉之不流者○泉上有惡木則葉滋根潤能損

甘香甚者能釀毒液尤宜去之如南陽菊潭損益可驗

江水

取去人遠者揚子南泠夾石停淵特入首品

長流

亦有通泉竇者必須汲貯候其澄澈可食

井水

脉暗而性滯味鹹而色濁有妨茗氣試煎茶一甌隔宿視之則結浮膩一層他水則無此其明

驗矣雖然汲多者可食終非佳品或平地偶穿一井適通泉穴味甘而澹大旱不涸與山泉無異非可以井水例觀也若海濱之井必無佳泉蓋潮汐近地斥鹵故也

靈水

上天自降之澤如上池天酒甘露香雨之類世或希覯人亦罕識乃仙飲也

丹泉

名山大川仙翁脩煉之處水中有丹其味異常

能延年却病尤不易得凡不净之器甚不可汲如新安黄山東峰下有硃砂泉可點茗春色微紅此自然之丹液也臨沅廖氏家世壽後掘井入石得丹砂數十斛西湖葛洪井有石甕淘出丹砂數枚如芡實啖之無味棄之有施漁翁者拾一粒食之壽一百六歲

養水

取白石子甕中能養其味亦可澄水不淆

洗茶

凡烹茶先以熱湯洗去塵垢冷氣烹之則美矣

候湯

凡茶須緩火炙活火煎活火謂炭火之有焰者以其去餘薪之烟雜穢之氣且使湯無妄沸庶可養茶始如魚目微有聲爲一沸緣邊湧泉連珠爲二沸奔濤濺沫爲三沸三沸之法非活火不成如坡翁云蟹眼已過魚眼生颼颼欲作松風鳴盡之矣若薪火方交水釜纔熾急取旋傾水氣未消謂之懶若火過百息水踰十沸或以

話阻事廢始取用之湯已失性謂之老老與嫩皆非也

注湯

茶已就膏宜以造化成其形若手顫臂嚲惟恐其深瓶嘴之端若存若亡湯不順通則茶不勻粹是謂緩注一甌之茗不過二錢茗盞量合宜下湯不過六分萬一快瀉而深積之則茶少湯多是謂急注緩與急皆非中湯欲湯之中臂任其責

擇器

凡瓶要小者宜候湯又點茶注湯有應若瓶大啜存停久味過則不佳矣所以策功建湯業者金銀爲優貧賤者不能具則甆石有足取焉甆瓶不奪茶氣幽人逸士品色尤宜石凝結天地秀氣而賦形琢以爲器秀猶在焉其湯不良未之有也然勿論誇珍衒豪臭公子道銅鐵鉛錫腥苦且澁無油瓦瓶滲水而有土氣用以煉水飲之逾時惡氣纏口而不得去亦不必與猥人

俗輩言也
宣廟時有茶盞料精式雅質厚難冷瑩白如玉
可試茶色最爲要用蔡君謨取建盞其色紺黑
似不宜用

擇薪

凡木可以煮湯不獨炭也惟調茶在湯之淑慝
而湯最惡烟非炭不可若暴炭膏薪濃烟蔽室
實爲茶魔或柴中之麩火焚餘之虛炭風乾之
竹篠樹梢燃鼎附瓶頗甚快意然體性浮薄無

中和之氣亦非湯友

人品

茶之爲飲最宜精行修德之人兼以白石清泉烹煮如法不時廢而或興能熟習而深味神融心醉覺與醍醐甘露抗衡斯善賞鑒者矣使佳茗而飲非其人猶汲泉以灌蒿萊罪莫大焉有其人而未識其趣一吸而盡不暇辨味俗莫甚焉司馬溫公與蘇子瞻嗜茶墨公云茶與墨正相反茶欲白墨欲黑茶欲重墨欲輕茶欲新墨

欲陳蘇曰奇茶妙墨俱香公以為然
唐武𡒄博學有著述才性惡茶因以詆之其畧
曰釋滯消壅一日之利暫佳瘠氣侵精終身之
害斯大獲益則收功茶力貽患則不為茶灾豈
非福近易知禍遠難見
李德裕奢侈過求在中書時不飲京城水悉用
惠山泉時謂之水遞清致可嘉有損盛德
傳稱陸鴻漸闔門著書誦詩擊木性甘茗荈味
辨淄澠清風雅趣膾炙古今鬻茶者至陶其形

置煬突間祀爲茶神可謂尊崇之極矣嘗考蠻甌志云陸羽採越江茶使小奴子看焙奴失睡茶燋爍不可食怒以鐵索縛奴而投火中殘忍若此其餘不足觀也已

茶說畢

題許然明茶疏序

陸羽品茶以吾鄉顧渚所產爲冠而明月峽尤其所最佳者也余闢小園其中歲取茶租自判童而白首始得臻其玄詣武林許然明余石交也亦有嗜茶之癖每茶期必命駕造余齋頭汲金沙玉竇二泉細啜而探討品隲之余罄生平習試自秘之訣悉以相授故然明得茶理最精歸而著茶疏一帙余未之知也然明化三年所矣余每持茗椀不能無期牙之感丁未春許才

甫攜然明茶疏見示且徵於夣然明存日著述甚富獨以清事托之故人豈其神情所注亦欲自附於茶經不朽與昔鞏民陶瓷肖鴻漸像沽茗者必祀而沃之余亦欲貌然明於篇端俾讀其書者并挹其丰神可也

萬曆丁未春日吳興友弟姚紹憲識於明月峽中

茶疏目錄

童子　飲時　宜輟

不宜用・不宜近　良友

出遊　權宜　虎林水

宜節　辯訛　孜本

許然明茶疏

明錢唐許次紓然明著

產茶

天下名山必產靈草江南地煖故獨宜茶大江以北則稱六安然六安乃其郡名其實產霍山縣之大蜀山也茶生最多名品亦振河南山陝人皆用之南方謂其能消垢膩去積滯亦共寳愛顧彼山中不善製造就於食鐺大薪炒焙未及出釜業已焦枯詎堪用哉兼以竹造巨笥乘

熱便貯雖有綠枝紫筍輒就萎黃僅供下食奚堪品鬬江南之茶唐人首稱陽羨宋人最重建州于今貢茶兩地獨多陽羨僅有其名建茶亦非最上惟有武夷雨前最勝近日所尚者爲長興之羅岕疑即古人顧渚紫筍也介於山中謂之岕羅氏隱焉故名羅然岕故有數處今惟洞山最佳姚伯道云明月之峽厥有佳茗是名上乘要之採之以時製之盡法無不佳者其韻致清遠滋味甘香清肺除煩足稱仙品此自一種

也若在顧渚亦有佳者人但以水口茶名之全與岕別矣若歙之松蘿吳之虎丘錢唐之龍井香氣穠郁並可雁行與岕頡頏往郭次甫亟稱黃山黃山亦在歙中然去松蘿遠甚往時士人皆貴天池天池產者飲之略多令人脹滿自余始下其品向多非之近來賞音者始信余言矣浙之產又曰天台之雁宕栝蒼之大盤東陽之金華紹興之日鑄皆與武夷相爲伯仲然雖有名茶當曉藏製製造不精收藏無法一行出山

香味色俱減錢塘諸山產茶甚多南山盡佳北山稍劣北山勤於用糞茶雖易茁氣韻反薄往時頗稱睦之鳩坑四明之朱溪今皆不得入品武夷之外有泉州之清源倘以好手製之亦是武夷亞匹惜多焦枯令人意盡楚之產曰寶慶滇之產曰五華此皆表表有名猶在雁茶之上其他名山所產當不止此或余未知或名未著故不及論

今古製法

古人製茶尚龍團鳳餅襍以香藥蔡君謨諸公
皆精於茶理居恒鬭茶亦僅取上方珍品碾之
未聞新制若漕司所進第一綱名北苑試新者
乃雀舌冰芽所造一夸之直至四十萬錢僅供
數盂之啜何其貴也然冰芽先以水浸已失真
味又和以名香益奪其氣不知何以能佳不若
近時製法旋摘旋焙香色俱全尤蘊真味

採摘

清明穀雨摘茶之候也清明太早立夏太遲穀

雨前後其時適中若肯再遲一二日期待其氣
力完足香烈尤倍易於收藏梅時不蒸雖稍長
大故是嫩枝柔葉也杭俗喜于盂中撮點故貴
極細理煩散鬱未可遽非吳淞人極貴吾鄉龍
井肯以重價購雨前細者狃於故常未觧妙理
岕中之人非夏前不摘初試摘者謂之開園采
自正夏謂之春茶其地稍寒故須待夏此又不
當以太遲病之往日無有於秋日摘茶者近乃
有之秋七八月重摘一番謂之早春其品甚佳

不嫌少薄他山射利多摘梅茶梅茶澀苦止堪作下食且傷秋摘佳產戒之

炒茶

生茶初摘香氣未透必借火力以發其香然性不耐勞炒不宜久多取入鐺則手力不勻久於鐺中過熟而香散矣甚且枯焦尚堪烹點炒茶之器最嫌新鐵鐵腥一入不復有香尤忌脂膩害甚於鐵須豫取一鐺專用炊飯無得別作他用炒茶之薪僅可樹枝不用幹葉幹則火力猛

熾葉則易燄易滅鐺必磨瑩旋摘旋炒一鐺之
内僅容四兩先用文火焙軟次加武火催之手
加木指急急鈔轉以半熟爲度微俟香發是其
候矣急用小扇鈔置被籠純綿大紙襯底燥焙
積多候冷入缾收藏人力若多數鐺數籠人力
即少僅一鐺二鐺亦須四五竹籠盖炒速而焙
遲燥濕不可相混混則大減香力一葉稍焦全
鐺無用然火雖忌猛尤嫌鐺冷則枝葉不柔以
意消息最難最難

岕中製法

岕之茶不炒，甑中蒸熟，然後烘焙。緣其摘遲，枝葉微老，炒亦不能使軟，徒枯碎耳。亦有一種極細炒岕，乃采之他山，炒焙以欺好奇者。彼中甚愛惜茶，決不忍乘嫩摘採，以傷樹本。余意他山所產，亦稍遲採之，待其長大，如岕中之法蒸之，似無不可。但未試嘗，不敢漫作。

收藏

收藏宜用磁甕，大容一二十斤，四圍厚箬，中則

貯茶須極燥極新專供此事久乃愈佳不必歲
易茶須築實仍用厚箬填緊甕口再加以箬以
真皮紙包之以苧麻緊扎壓以大新磚勿令微
風得入可以接新

置頓

茶惡濕而喜燥畏寒而喜溫忌蒸鬱而喜清涼
置頓之所須在時時坐臥之處逼近人氣則常
溫不寒必在板房不宜土室板房則燥土室則
蒸又要透風勿置幽隱幽隱之處尤易蒸濕兼

恐有失點檢其閣度之方宜磚底數層四圍磚砌形若火爐愈大愈善勿近土墻頓甕其上隨時取竈下火灰候冷簇於甕傍半尺以外仍隨時取灰火簇之令裏灰常燥一以避風一以避濕却忌火氣入甕則能黄茶世人多用竹器貯茶雖復多用箬護然箬性峭勁不甚伏帖最難緊實能無滲罅風濕易侵多故無益也且不堪地爐中頓萬萬不可人有以竹器盛茶置被籠中用火即黄除火即潤忌之忌之

取用

茶之所忌上條備矣然則陰雨之日豈宜擅開如欲取用必候天氣晴明融和高朗然後開缶庶無風侵先用熱水濯手麻帨拭燥缶口內箬別置燥處另取小罌貯所取茶量日幾何以十日爲限去茶盈寸則以寸箬補之仍須碎剪茶日漸少箬日漸多此其節也焙燥築實包扎如前

包裹

茶性畏紙紙於水中成受水氣多也紙裹一夕隨紙作氣盡矣雖火中焙出少頃即潤雁宕諸山首坐此病每以紙帖寄遠安得復佳

日用頓置

日用所需貯小罌中箬包苧扎亦勿見風宜即置之案頭勿頓巾箱書簏尤忌與食器同處並香藥則染香藥並海味則染海味其他以類而推不過一夕黄矣變矣

擇水

精茗蘊香借水而發無水不可與論茶也古人品水以金山中泠為第一泉第二或曰廬山康王谷第一廬山余未之到金山頂上井亦恐非中泠古泉陵谷變遷已當湮沒不然何其瀉薄不堪酌也今時品水必首惠泉甘鮮膏腴致足貴也往三渡黃河始憂其濁舟人以法澄過飲而甘之尤宜煮茶不下惠泉黃河之水來自天上濁者土色也澄之既淨香味自發余嘗言有名山則有佳茶茲又言有名山必有佳泉相提

而論恐非臆說余所經行吾兩浙兩都齊魯楚粵豫章滇黔皆嘗稍涉其山川味其水泉發源長遠而潭沚澄澈者水必甘美即江河溪澗之水遇澄潭大澤味咸甘冽唯波濤湍急瀑布飛泉或舟楫多處則苦濁不堪蓋云傷勞豈其恒性凡春夏水長則減秋冬水落則美

貯水

甘泉旋汲用之斯良丙舍在城夫豈易得理宜多汲貯大甕中但忌新器爲其火氣未退易於

敗水亦易生蟲久用則善最嫌他用水性忌木松杉爲甚木桶貯水其害滋甚挈缾爲佳耳貯水甕口厚箬泥固用時旋開泉水不易以梅雨水代之

舀水

舀水必用磁甌輕輕出甕緩傾銚中勿令淋漓甕內致敗水味切須記之

煮水器

金乃水母錫備柔剛味不鹹澀作銚最良銚中

必穿其心令透火氣沸速則鮮嫩風逸沸遲則老熟昏鈍兼有湯氣慎之慎之茶滋于水水藉乎器湯成於火四者相須缺一則廢

火候

火必以堅木炭爲上然木性未盡尚有餘烟烟氣入湯湯必無用故先燒令紅去其烟焰兼取性力猛熾水乃易沸既紅之後乃授水器仍急扇之愈速愈妙毋令停手停過之湯寧棄而再烹

烹點

未曾汲水先備茶具必潔必燥開口以待蓋或仰放或置磁盂勿竟覆之案上漆氣食氣皆能敗茶先握茶手中俟湯既入壺隨手投茶湯以蓋覆定三呼吸時次滿傾盂內重投壺內用以動盪香韻兼色不沉滯更三呼吸頃以定其浮薄然後瀉以供客則乳嫩清滑馥郁鼻端病可令起疲可令爽吟壇發其逸思談席滌其玄襟

秤量

茶注宜小不宜甚大小則香氣氤氳大則易於散漫大約及半升是爲適可獨自斟酌愈小愈佳容水半升者量茶五分其餘以是增減

湯候

水一入銚便須急煮候有松聲卽去盖以消息其老嫩蟹眼之後水有微濤是爲當時大濤鼎沸旋至無聲是爲過時過則湯老而香散决不堪用

甌注

茶甌古取建窑兔毛花者亦鬭碾茶用之宜耳其在今日純白爲佳兼貴於小定窑最貴不易得矣宣成嘉靖俱有名窑近日倣造間亦可用次用眞正回青必揀圓整勿用呰窳茶注以不受他氣者爲良故首銀次錫上品眞錫力大不減愼勿雜以黑鉛雖可淸水却能奪味其次内外有油磁壺亦可必如柴汝宣成之類然後爲佳然滚水驟澆舊磁易裂可惜也近日饒州所造極不堪用往時龔春茶壺近日時彬所製大

爲時人寶惜蓋皆以粗砂製之正取砂無土氣耳隨手造作頗極精工顧燒時必須火力極足方可出窰然火候少過壺又多碎壞者以是益加貴重火力不到者如以生砂注水土氣滿鼻不中用也較之錫器尚減三分砂性微滲又不用油香不窨氣發易冷易餿僅堪供玩耳其餘細砂及造自他匠手者質惡製劣尤有土氣絶能敗味勿用勿用

盪滌

湯銚甌注最宜燥潔每日晨興必以沸湯滌用極熟黃麻巾帨向內拭乾以竹編架覆而庋之燥處烹時隨意取用修事既畢湯銚拭去餘瀝仍覆原處每注茶甫盡隨以竹筋盡去殘葉以需次用甌中殘瀋必傾去之以俟再斟如或存之奪香敗味人必一盃毋勞傳遞再巡之後清水滌之為佳

飲啜

一壺之茶只堪再巡初巡鮮美再則甘醇三巡

意欲盡矣余嘗與馮開之戲論茶候以初巡爲停停嬝嬝十三餘再巡爲碧玉破瓜年三巡以來綠葉成陰矣開之大以爲然所以茶注欲小小則再巡已終寧使餘芬剩馥尚留葉中猶堪飯後供啜嗽之用未遂棄之可也若巨器屢巡滿中瀉飲待停少溫或求濃苦何異農匠作勞但需涓滴何論品賞何知風味乎

論客

賓朋雜沓止堪交錯觥籌乍會泛交僅須常品

酬酢惟素心同調彼此暢適清言雄辯脫畧形骸始可呼童篝火酌水點湯量客多少爲役之煩簡三人以下止爇一爐如五六人便當兩鬲爐用一童湯方調適若還兼作恐有參差客若衆多姑且罷火不妨中茶投果出自內局

茶所

小齋之外別置茶寮高燥明爽勿令閉塞壁邊列置兩爐爐以小雪洞覆之止開一面用省灰塵騰散寮前置一几以頓茶注茶盂爲臨時供

具别置一几以頓他器傍列一架巾帨懸之見用之時即置房中斟酌之後旋加以盖毋受塵汙使損水力炭宜遠置勿令近爐尤宜多辦宿乾易熾爐少去壁灰宜頻掃總之以慎火防爇此為最急

洗茶

蚧茶摘自山麓山多浮沙隨雨輙下即着於葉中烹時不洗去沙土最能敗茶必先盥手令潔次用半沸水扇揚稍和洗之水不沸則水氣不

盡乃能敗茶毋得過勞以損其力沙土既去急於手中擠令極乾另以深口瓷合貯之抖散待用洗必躬親非可攝代凡湯之冷熱茶之燥濕緩急之節頓置之宜以意消息他人未必解事

童子

煎茶燒香總是清事不妨躬自執勞然對客談諧豈能親蒞宜教兩童司之器必晨滌手令時盥爪可淨剔火宜常宿量宜飲之時為舉火之候又當先白主人然後修事酌過數行亦宜少

輟果餌間供別進濃瀋不妨中品充之蓋食飲相須不可偏廢甘醲雜陳又誰能鑒賞也舉酒命觴理宜停罷或鼻中出火耳後生風亦宜以甘露澆之各取大盂撮點雨前細玉正自不俗

飲時

心手閒適　披咏疲倦　意緒棼亂

聽歌聞曲　歌罷曲終　杜門避事

鼓琴看畫　夜深共語　明牕淨几

洞房阿閣　賓主款狎　佳客小姬

訪友初歸　風日晴和　輕陰微雨

小橋畫舫　茂林脩竹　課花責鳥

荷亭避暑　小院焚香　酒闌人散

兒輩齋館　清幽寺觀　名泉怪石

宜輟

作字　觀劇　發書柬

大雨雪　長筵大席　繙閱卷帙

人事忙迫　及與上宜飲時相反事

不宜用

惡水　敝器　銅匙
銅銚　木桶　柴薪
麩炭　粗童　惡婢
不潔巾帨　各色果實香藥

不宜近

陰室　廚房　市喧
小兒啼　野性人　童奴相鬨
酷熱齋舍
良友

清風明月　紙帳楮衾　竹牀石枕

名花琪樹

出遊

士人登山臨水必命壺觴乃茗椀薰爐置而不問是徒游於豪舉未託素交也余欲特製游装備諸器具精茗名香同行異室茶罌一注二銚一小甌四洗一瓷合一銅爐一小面洗一巾副之附以香奩小爐香囊匕筯此爲半肩薄甕貯水三十斤爲半肩足矣

權宜

出遊遠地茶不可少恐地產不佳而人鮮好事不得不隨身自將瓦器重難又不得不寄貯竹箬茶甫出甕焙之竹器曬乾以箬厚貼實茶其中所到之處即先焙新好瓦甁出茶焙燥貯之甁中雖風味不無少減而氣力味尚存若舟航出入及非車馬修途仍用瓦缶毋得但利輕齎致損靈質

虎林水

杭兩山之水以虎跑泉爲上芳冽甘腴極可貴重佳者乃在香積廚中上泉故有土氣人不能辨其次若龍井珎珠錫杖韜光幽淙靈峰皆有佳泉堪供汲煮及諸山溪澗澄流併可斟酌獨水樂一洞跌蕩過勞味遂漓薄玉泉往時頗佳近以紙局壞之矣

宜節

茶宜常飲不宜多飲常飲則心肺清涼煩鬱頓釋多飲則微傷脾腎或泄或寒蓋脾土原潤腎

又水鄉宜燥宜溫多或非利也古人飲水飲湯後人始易以茶即飲湯之意但令色香味備意已獨至何必過多反失清冽乎且茶葉過多亦損脾腎與過飲同病俗人知戒多飲而不知慎多費余故備論之

辯訛

古今論茶必首蒙頂蒙頂山蜀雅州山也往常產今不復有即有之彼中夷人專之不復出山蜀中尚不得何能至中原江南也今人囊盛如

石耳來自山東者乃蒙陰山石苔全無茶氣但微甜耳妄謂蒙山茶茶必木生石衣得爲茶乎

攷本

茶不移本植必子生古人結婚必以茶爲禮取其不移植子之意也今人猶名其禮曰下茶南中夷人定親必不可無但有多寡禮失而求諸野今求之夷矣

余齋居無事頗有鴻漸之癖又桑苧翁所至必以筆牀茶竈自隨而友人有同好者數謂

余宜有論著以備一家貽之好事故次而論
之倘有同心尚箴余之闕葺而補之用告成
書甚所望也次紓再識

不正

大

不流畢

茶书八

茶解 部

蒙史 部 上下

别记 部

茗谭 部

茶解敘

羅高君性嗜茶於茶理有縣解讀書中隱山手著一編曰茶解云書凡十目一之原其茶所自出二之品其茶色味香三之程其蓺植高低四之定其採摘時候五之摭其法製焙炒六之辨其收藏涼燥七之評其點瀹緩急八之明其水泉甘冽九之禁其酒果腥穢十之約其器皿精粗為條凡若干而茶勛於是乎勤銘矣其論審而確也其詞簡而覈也以斯解茶非眠雲跂石

人不能領略高君自述曰山堂夜坐汲泉烹茗至水火相戰儼聽松濤傾瀉入杯雲光瀲灎此時幽趣未易與俗人言者其致可挹矣初予得茶經茶譜茶疏泉品等書今于茶解而合璧之讀者口津津而聽者風習習渴悶既涓滎衛斯暢予友聞隱鱗性通茶靈早有季疵之癖晚悟禪機正對趙州之鋒方與裒輯茗笈持此示之隱鱗印可曰斯足以爲政于山林矣

萬曆己酉歲端陽日友人屠本畯撰

茶解

明慈谿羅廪高君著

總論

茶通僊靈久服能令昇舉然藴有妙理非深知篤好不能得其當蓋知深斯鑒别精篤好斯修製力余自兒時性喜茶顧名品不易得得亦不常有遍周游產茶之地採其法制參互攷訂深有所會遂于中隱山陽栽植培灌兹且十年春夏之交手爲摘製聊足供齋頭烹啜論其品格

嘗雁行虎丘因思制度有古人意慮所不到而
今始精備者如席地團扇以冊易卷以墨易漆
之類未易枚舉即茶之一節唐宋間研膏蠟面
京挺龍團或至把握纖微直錢數十萬亦珍重
哉而碾造愈工茶性愈失矧雜以香物乎曾不
若今人止精於炒焙不損本真故桑苧茶經第
可想其風致奉爲開山其舂碾羅則諸法殊不
足倣余嘗謂茶酒二事至今日可稱精妙前無
古人此亦可與深知者道耳

原

鴻漸志茶之出曰山南淮南劍南浙東黔州嶺南諸地而唐宋所稱則建州洪州穆州惠州綿州福州雅州南康婺州宣城饒池蜀州潭州彭州袁州龍安涪州建安岳州而紹興進茶自宋范文虎始余邑貢茶亦自南宋季至今南山有茶局茶曹茶園之名不一而止蓋古多園中植茶沿至我　朝貢茶爲累茶園盡廢第取山中埜茶聊且塞責而茶品遂不得與陽羨天池相

抗矣余按唐宋產茶地董董如前所稱而今之虎丘羅蚧天池顧渚松蘿龍井雁蕩武夷靈山大盤日鑄諸有名之茶無一與焉乃知靈草在在有之但人不知培植或疎于制度耳嗟嗟宇宙大矣

經云一茶二檟三蔎四茗五荈精粗不同總之皆茶也而至如嶺南之苦登玄嶽之騫林葉蒙陰之石蘚又各爲一類不堪入口研北志云交趾登茶如綠苔味辛烈而不言其惡要非知茶者

茶六書作荼爾雅本草漢書荼陵俱作荼爾雅
註云樹如梔子是已而謂冬生葉可煮作羹飲
其故難曉

品

茶須色香味三美具備色以白爲上青綠次之
黃爲下香如蘭爲上如蠶豆花次之味以甘爲
上苦澁斯下矣
茶色貴白白而味覺甘鮮香氣撲鼻乃爲精品
蓋茶之精者淡固白濃亦白初潑白久貯亦白

味足而色白其香自溢三者得則俱得也近好事家或慮其色重一注之水投茶數片味既不足香亦杳然終不免水厄之誚耳雖然尤貴擇

水

茶難於香而燥燥之一字唯真岕茶足以當之故雖過飲亦自快人重而溼者天池也茶之燥溼由于土性不繫人事

茶須徐啜若一吸而盡連進數杯全不辨味何異傭作盧仝七碗亦興到之言未是實事

山堂夜坐手烹香茗至水火相戰儼聽松濤傾瀉入甌雲光縹渺一段幽趣故難與俗人言

藝

種茶地宜高燥而沃土沃則產茶自佳經云生爛石者上土者下野者上園者次恐不然

秋社後摘茶子水浮取沉者略晒去溼潤沙拌藏竹簍中勿令凍損俟春旺時種之茶喜叢生先治地平正行間蹤密縱橫各二尺許每一坑下子一掬覆以焦土不宜太厚次年分植三年

便可摘取

茶地斜坡爲佳聚水向陰之處茶品遂劣故一山之中美惡相懸至吾四明海內外諸山如補陀川山朱溪等處皆產茶而色香味俱無足取者以地近海海風鹹而烈人面受之不免顦顇而黑況靈草乎

茶根土實草木雜生則不茂春時薙草秋夏間鋤掘三四遍則次年抽茶更盛茶地覺力薄當培以焦土治焦土法下置亂草上覆以土用火

燥過每茶根傍掘一小坑培以升許須記方所以便次年培壅晴晝鋤過可用米泔澆之

茶園不宜雜以惡木惟桂梅辛夷玉蘭蒼松翠竹之類與之間植亦足以蔽覆霜雪掩映秋陽其不可蒔芳蘭幽菊及諸清芬之品最忌與菜畦相逼不免穢汙滲漉滓厥清真

採

雨中採摘則茶不香須晴晝採當時焙遲則色味香俱減矣故穀雨前後最怕陰雨陰雨寧不

採久雨初霽亦須隔一兩日方可不然必不香
美採必期于穀雨者以太早則氣未足稍遲則
氣散入夏則氣暴而味苦澁矣
採茶入簞不宜見風日恐耗其真液亦不得置
漆器及瓷器內

製

炒茶鐺宜熱焙鐺宜溫凡炒止可一握候鐺微
炙手置茶鐺中札札有聲急手炒勻出之箕上
薄攤用扇搧冷略加揉挼再略炒入文火鐺焙

乾色如翡翠若出鐺不扇不免變色

茶葉新鮮膏液具足初用武火急炒以發其香然火亦不宜太烈最忌炒製半乾不於鐺中焙燥而厚罨籠內慢火烘炙

茶炒熟後必須揉挼揉挼則脂膏鎔液少許入湯味無不全

鐺不嫌熟磨擦光淨反覺滑脫若新鐺則鐵氣暴烈茶易焦黑又若年久鏽蝕之鐺即加磋磨亦不堪用

炒茶用手不惟匀適亦足驗鐺之冷熱

薪用巨榦初不易燃既不易熄難于調適易燃易熄無逾松絲冬日藏積臨時取用

茶葉不大苦澁惟梗苦澁而黃且帶草氣去其梗則味自清澈此松蘿天池法也余謂及時急揉急焙即連梗亦不甚爲害大都頭茶可連梗入夏便須擇去

松蘿茶出休寧松蘿山僧大方所創造其法將茶摘去筋脉銀銚炒製今各山悉倣其法眞僞

亦難辨別

茶無蒸法惟岕茶用蒸余甞欲取真岕用炒焙法製之不知當作何狀近聞好事者亦稍稍變其初制矣

藏

藏茶宜燥又宜凉溼則味變而香失熱則味苦而色黄蔡君謨云茶喜溫此語有疵大都藏茶宜高樓宜大甕包口用青箬甕宜覆不宜仰覆則諸氣不入晴燥天以小瓶分貯用又貯茶之

罌必始終貯茶不得移為他用小瓶不宜多用
青箬箬氣盛亦能奪茶香

烹

名茶宜瀹以名泉先令火熾始置湯壺急扇令涌沸則湯嫩而茶色亦嫩茶經云如魚目微有聲為一沸沿邊如涌泉連珠為二沸騰波鼓浪為三沸過此則湯老不堪用李南金謂當用背二涉三之際為合量此真賞鑒家言而羅大經懼湯過老欲於松濤澗水後移瓶去火少待沸

止而淪之不知湯既老矣雖去火何救耶此語亦未中窾

岕茶用熱湯洗過擠乾沸湯烹點緣其氣厚不洗則味色過濃香亦不發耳自餘名茶俱不必洗

水

古人品水不特烹時所須先用以製團餅即古人亦非遍歷宇內盡嘗諸水品其次第亦據所習見者耳甘泉偶出于窮鄉僻境土人或藉以

飲牛滌器誰能省識即余所歷地甘泉往往有之如象川蓬萊院後有丹井焉晶瑩甘厚不必瀹茶亦堪飲酌蓋水不難于甘而難于厚亦猶之酒不難于淸香美冽而難于淡水厚酒淡亦不易解若余中隱山泉止可與虎跑甘露作對較之惠泉不免徑庭大凡名泉多從石中迸出得石髓故佳沙潭爲次出於泥者多不中用宋人取井水不知井水止可炊飯作羹瀹茗必不妙抑山井耳

瀹茗必用山泉次梅水梅雨如膏萬物賴以滋長其味獨甘仇池筆記云時雨甘滑潑茶煮藥美而有益梅後便劣至雷雨最毒令人霍亂秋雨冬雨俱能損人雪水尤不宜令肌肉銷鑠

梅水須多置器于空庭中取之并入大甕投伏龍肝兩許包藏月餘汲用至益人伏龍肝竈心中乾土也

武林南高峰下有三泉虎跑居最甘露亞之眞珠不失下劣亦龍井之匹耳許然明武林人品

水不言甘露何耶甘露寺在虎跑左泉居寺殿角山徑甚僻遊人罕至豈然明未經其地乎

黄河水自西北建瓴而東支流襍聚何所不有舟次無名泉聊取克用可耳謂其源從天來不減惠泉未是定論

開元遺事紀逸人王休每至冬時取氷敲其精瑩者煑建茶以奉客亦太多事

禁

採茶製茶最忌手汗羶氣口臭多涕多沫不潔

之人及月信婦人

茶酒性不相入故茶最忌酒氣製茶之人不宜沾醉

茶性淫易於染着無論腥穢及有氣之物不得與之近即名香亦不宜相襍

茶內投以果核及塩椒薑橙等物皆茶厄也茶採製得法自有天香不可方儗蔡君謨云蓮花木犀茉莉玫瑰薔薇蕙蘭梅花種種皆可拌茶且云重湯煮焙收用似于茶理不甚曉暢至倪

雲林點茶用糖則尤為可笑

器

箪

以竹篾為之用以採茶須緊密不令透風

竈

置鐺二一炒一焙火分文武

箕

大小各數箇小者盈尺用以出茶大者二尺用以攤茶揉挼其上並細篾為之

扇

茶出箕中用以扇冷或藤或箬或蒲

籠

茶從鐺中焙燥復於此中再總焙入甕勿用

紙襯

帨

用新麻布洗至潔懸之茶室時時拭手

甕

用以藏茶須內外有油水者預滌淨晒乾以

待

爐

用以烹泉或瓦或竹大小要與湯壺稱

注

以時大彬手製粗沙燒缸色者爲妙其次錫

壺

內所受多寡要與注子稱或錫或瓦或汴梁

擺錫銚

甌

以小爲佳不必求古只宣成靖窯足矣

梜

以竹爲之長六寸如食筯而尖其末注中潑過茶葉用此梜出

茶解

茶解跋

家孝廉兄有茶園在桃花源西巖幽奇别一天地琪花珎羽莫能辨識其名所産茶實用蒸法如蚧茶弗知有炒焙揉挼之法予理鄣日始游松蘿山親見方長老製茶法甚具予手書茶僧卷贈之歸而傳其法故山山中人弗習也中歳自祠部出偕高君訪太和輒入吾里偶納凉城西莊稱姜家山者上有茶數株翳叢薄中高君手擷其芽數升旋沃山莊鐺炊松茅活火且炒

且採得數合馳獻先計部餘命童子汲溪流烹之洗盞細啜色白而香彷彿松蘿等自是吾兄弟每及穀雨前遣幹僕入山督製如法分藏堇邇年榮邸中益稔兹法近採諸梁山製之色味絶佳乃知物不殊顧腕法工拙何如耳予晩節嗜茶益癖且益能別澠淄覺舌根結習未化于役湟塞遍品諸水得城隅北泉自巖罅中淅瀝如綫漸出輒涔然迸流嘗之味甘冽且厚寒碧沁人即佛能顔行中泠亦庶幾昆龍泓而季

蒙甄矣日汲一盌供博士鑪茗必極蘿搗衙嘶
繼則以天池顧渚需次焉頃從皋蘭書郵中楧
高君八行兼寄茶解自明州至亟讀之語語中
倫法法入解贊皇失其鑒竟陵𧆛其衡風旨泠
泠脩然人外直將蓮花齒頰吸盡西江洗滌根
塵妙證色香味三昧無論紫茸作供當拉玉版
同參耳予因追憶西莊採啜酣笑時一彈指十
九年矣予疲暮尚逐戎馬不耐膻鄉湩酪賴有
此家常生活顧絕塞名茶不易致而高君乃用

此爲政中隱山足以茹真郤老予實媿之更卜何時盤礴相對倚聽松濤口津津林壑間事言之色飛予近築濕園作滬息計饒陽阿爽塏稅茶歸當手玆編爲善知識亦甘露門不二法也昔白香山治池園洛下以所獲頴川釀法蜀客秋聲傳陵之琹弘農之石爲快惜無有以玆解授之者予歸且習禪無所事釀孤桐怪石夙故畜之今復得玆視白公池上物奢矣率爾書報高君志蘭息心賞時

萬曆壬子春三月武陵友弟龍膺君御甫書

蒙史題辭

壺觴茗椀世俗不啻分道背馳自知味者視之則如左右手兩相為用缺一不可頌酒德贊酒功著茶經稱水品合之雙美離之兩傷從所好而溺焉孰若因時而迭為政也吾師龍夫子與舒州白力士鐺夙有深契而於瀹茗品泉不廢淨緑項治兵湟中夷虜欵塞政有餘閒縱觀泉石扶剔幽隱得北泉甚甘烈取所擕松蘿天池顧渚羅岕龍井蒙頂諸名茗嘗試之且著醒鄉

記以與王無功千古競爽文園頡頏破絶塞之顓蒙增清境之勝事乃知天地有眞味不在羶酪姜椒羶腥鹽豉間而稚供清風且推而與擐甲闌弧荷氊披毳者共之矣不肖蕃曩侍讌懽輙困憊憩於師之觴政所幸量過七椀不畏水厄耳恨不能縮地南國覽勝湟中聽松風觀蟹眼引滿醉茶於函丈之前以蕩滌塵情消除雜念也日奉斯編用爲指南輙不自諒小巫之索然敬綴數語以就正焉

萬曆壬子歲春正月江左門人朱之蕃書於七

椀齋

蒙史上卷

明武陵龍膺君御著

泉品述

醴泉泉味甜如酒也聖王在上德普天地刑賞得宜則醴泉出食之令人壽考

玉泉玉石之精液也山海經密山出丹水中多玉膏其源沸湯黄帝自食十洲記瀛洲玉石高千丈出泉如酒味甘名玉醴泉食之長生又方丈洲有玉石泉崑崙山有玉水元洲玄

澗水如蜜漿飲之與天地相畢又曰生洲之水味如飴酪

淮南子曰崑崙四水者帝之神泉以和百藥以潤萬物

括地圖曰負丘之山上有赤泉飲之不老神宮有英泉飲之眠三百歲乃覺不知死

瑞應經曰佛持鉢到迦葉家受飯而還於屏處食已欲澡漱天帝知佛意即下以手指地水出成池令佛得用名爲指地池

如來八功德水一清二冷三香四柔五甘六淨

七不咽八蠲痾梁胡僧曇隱寓鍾山值旱有

耆叟語曰予山龍也措之何難俄而一沼沸

出後有西僧至云本域八池已失其一

梁天監初有天竺僧智藥汎船曹溪口聞異香

掬嘗其味曰上流必有勝地遂開山立石乃

云百七十年後當遇無上法師在此演法今

六祖南華寺是也

梁景泰禪師居惠州寶積寺無水師卓錫于地

泉湧數尺名卓錫泉東坡至羅浮入寺飲之
品其味出江水遠甚
大庾嶺雲封寺東泉自石穴湧出甘冽可愛大
鑒禪師傳鉢南歸卓錫于此
武陵廖氏譜云廖平以丹砂三十斛寘所居井
中飲是水以祈壽抱朴子曰余祖鴻臚爲臨
沅令有民家飲丹井世壽考或百歲或八九
十歲即廖氏云又西湖葛井乃稚州煉所在
馬家園役淘井出石匣中有丹數枚如芡實

啖之無味棄之有施漁翁者拾一粒食之壽
一百六歲此丹水尤難得
翁源山頂石池有泉八曰涌泉香泉甘泉温泉
震泉龍泉乳泉玉泉相傳一龎眉叟時見池
中因名翁水居人飲此多壽
柳州融縣靈巖上有白石巍然如列仙靈壽溪
貫入巖下清響作環佩聲舊傳仙叟投丹于
中飲者多壽
列居傳曰負局先生止吳山絕崖世世懸藥與

人曰吾欲還蓬萊山爲汝曹下神水厓頭一旦有水白色從石間來下服之多所愈以上皆靈

泉

爾雅曰河出崑崙墟色白又曰泉一見一否爲瀸又濫泉正出正湧出也沃泉懸出懸下出也氿泉仄出仄旁出也湟中北石泉自仄出石山骨也流水行也山宣氣以產萬物氣宣則脉長故陸鴻漸曰山水上

江公也衆水共入其中則味雜故曰江水中惟

楊子江金山寺之中泠則夾石渟淵特入首品爲天下第一泉

御史李季卿至維揚逢陸鴻漸命軍士入江赴南泠取水及至陸以杓揚水嘗之俄曰非南泠臨岸者乎傾至半遽曰止是南泠矣使者乃吐實李與賓從皆大駭因問歷處之水陸曰楚水第一晉水最下因命筆口授而次第之南泠即仲泠也

慧山源出石穴陸羽品爲第二泉又名陸子泉

李德裕在中書自毘陵至京置驛遞名水遞人甚苦之有僧詣曰京都一眼井與惠泉脉通公笑曰眞荒唐也井在何坊曲僧曰昊天觀常住庫後是也公因取惠山一罌昊天一罌雜他水八罌遣僧辨析僧啜之止取惠山昊天二水公大奇嘆水遞遂停

李贊皇有親知奉使金陵者命置中泠水一壺其人舉棹忘之至石頭城乃汲一瓶歸獻李飲之曰江南水味變矣此何似建業城下水

也其人謝過膺令軍吏取湟之北泉吏乃近
取南泉以代乎膺而別之曰非北泉也吏不
敢隱

王仲至謂嘗奉使至仇池有九十九泉萬山環
之可以避世如桃源

有龍泉出允街谷泉眼之中水文成蛟龍或試
撓破之尋平成龍牛馬諸獸將飲者皆畏辟
而走謂之龍泉

白樂天廬山草堂記云堂北五步據層崖積石

綠陰蒙蒙又有飛泉植茗就以烹燀好事者見可以永日

東坡知揚州時與發運使晁端彥吳倅晁無咎大明寺汲塔院西廊井與下院蜀井二水校高下以塔院水為勝

東坡云惠州之佛院東湯泉西冷泉雪如也杭州靈隱寺亦有冷泉亭

瓊州三山庵下有泉味類惠山東坡名之曰惠通井而為之記

盧州東有浮槎山梵僧過而指曰此耆闍一峰
也頂有泉極甘歐陽公作記
盧城官宅井苦李錫爲令變爲甘泉張掖南城
亦有泉甚甘因名
范文正公鎮青與龍僧舍西南洋溪中有醴泉
湧出公構一亭泉上刻石記之青人思公之
德目曰范公泉環古木蒙密塵迹不到去市
廛纔數百步如在青山中自是幽人逋客往
往賦詩鳴琴烹茶其上日光玲瓏珍禽上下

眞物外遊也歐陽文忠劉翰林貢父賦詩刻石及張禹功蘇唐卿篆石榜之亭中最爲營丘佳處

承天紫盖山當陽道書三十三洞天林石皆紺色下出綠水香甘異常

荆門兩峰對起如娥眉上有浮香漱玉諸亭爲游憩之所山麓二泉北曰蒙南曰惠泉以陸象山守是州而重至今州人德之祠貌陸公于池上舊欲湟之北泉甚冽合名曰蒙惠以

泉自山下出故曰蒙味如惠泉故曰惠
河中府舜泉坊二井相通祥符中真宗祠汾駐
驊蒲中車駕臨觀賜名孝廣泉并以名其坊
御製贊紀之蒲濵河地鹵泉鹹獨此井甘美
世以爲異
濟南水泉清冷凡七十二如舜泉瀑流真珠洗
缽孝感玉環之類皆竒曾子固詩以瀑流爲
趵突泉爲上又杜康泉康汲此釀酒或以中
泠及惠泉稱之一升重二十四銖是泉較輕

一銖

南康城西有谷簾泉水如簾布巖而下者三十餘泒陸羽品其味第一

王禹偁云康王谷爲天下第一水簾高三百五十丈計程一月其味不變

泉州城北泉山一名齊雲巖洞奇秀上有石乳泉清冽甘美又泰寍石門有飛泉垂巖而下甚甘名甘露巖

建寍城中鳳皇山下有龍焙泉一名御泉宋時

取此水造茶入貢
福盌龍首山西麓有泉曰聖泉甘洌可愈疾
彬州城南有香泉味甘冽屬邑興盌有程鄉水
亦美
蘄水鳳栖山下有陸羽泉經謂天下第三泉
夔州梁山蟠龍山中崖高數十丈飛濤噴薄如
霧張育英游此題云泉味甘洌非陸羽莫能
辨
衛郡蘇門山下有百門泉泉上噴如珠下有瑶

草先君玄扈公理輝有惠政輝人祠貌先君子泉石之上

内鄉天池山上有池山海經云帝臺之漿也可愈心疾又有菊潭崖旁産甘菊飲此水多壽風俗通云内鄉山礀有大菊礀水從山流得其花味甚甘美

盩厔玉女洞有飛泉甘且洌蘇軾過此汲兩缾去恐後復取爲從者所紿乃破竹作券使寺僧藏之以爲往來之信戲曰調水符

嚴陵釣臺下水甚清激陸羽品居第十九

寰宇記南劍州天階山乳泉飲之登山嶺如飛

乳泉石鍾乳山骨之膏髓也色白體重極甘
而香若甘露

武陵郡卓刀泉在仙婆井傍漢壽亭侯過此渴
甚以刀卓地出泉下有奇石脉與武陵溪通
即浲水不溢大旱不竭也後人嘉其甘冽又
名清勝泉予恒酌之與南泠等沅湘間故多
佳水此其一焉

泉非石出者必不佳故楚詞云飲石泉兮蔭松

栢皇甫曾送陸羽詩幽期山寺遠野飲石泉
清

東坡白鶴山新居鑿井四十尺遇盤石石盡乃
得泉有一勺亦天賜曲肱有飲歡之句

東坡洞酌亭詩引瓊山郡東衆泉觱發然皆冽
而不食軾南遷過瓊始得雙泉之甘於城之
東北隅以告其人自是汲者常滿泉相去咫
尺而異味庚辰歲遷于合浦復過之太守陸
公求泉上亭名與詩名曰洞酌及惠泉詩水

性故曰清不清或撓之君看此廉泉五色爛
摩尼廉者為我廉我以此名為有廉則有貪
有慧則有癡誰為郗宗元孰是吳隱之漁父
足豈潔許由耳何淄紛然立名字此水了不
知毀譽有時盡不知無盡時揭來廉泉上將
須看鬚滑看好在水中人到處相娛嬉
古法鑿井者先貯盆水數十置所鑿之地夜視
盆中有大星異衆星者必得甘泉范文正公
所居宅必先浚井納青木數觔於其中以辟

瘟氣

山木欲秀蔭若叢惡則傷泉雖未能使瑤草瓊花披拂其上而脩竹幽蘭自不可少作屋覆泉不惟殺風景亦且陽氣不入能致陰損若其小者作竹罩籠之以防不潔可也

移水取石子置瓶中雖養泉味亦可澄水令之，不淆黃魯直惠山泉詩錫谷寒泉擠石俱是、也擠音妥擇水中潔淨白石帶泉煮之尤妙

凡臨佳泉不可容易漱濯犯者每為山靈所憎

尤忌以不潔之器汲之

泉最忌爲婦女所厭予除治北泉設祭躬禱泉脉益甚若有神物護之數日後聞亦有婦往汲見巨蛇入坎中婦大悸還及舍死自是村婦相誡罔敢汲焉張參戎希孟沈參戎應較予坐間言之亦大異事也併識于後

泉坎須越月淘之庶無陰穢之積尤宜時以雄黄下墜坎中或塗坎上去蛇毒也

予讀甫里先生傳曰先生嗜蕣置園于顧渚山

下歲入茶租十許薄自爲品第書一篇繼茶經茶訣之後茶經陸羽撰茶訣皎然撰南陽張又新嘗爲水說凡七等其一曰惠山寺石泉其三曰虎丘寺石井其六曰吳淞江是三水距先生遠不百里高僧逸人時致之以助其好先生始以喜酒得疾血敗氣索者二年而後能起有客生亦潔罇置觶但不服引湍向口爾膺嚐荈嗜泉有如甫里而近以飲傷肺亦誓不

湍向口自命醒論東坡爲同病至若新云無嚐

得中體性無事乘小舟設蓬席賫一束書茶竈筆牀釣具而已自稱江湖散人則竊有志而欣慕焉甫里先生者唐吳淞陸魯望也

蒙史上卷終

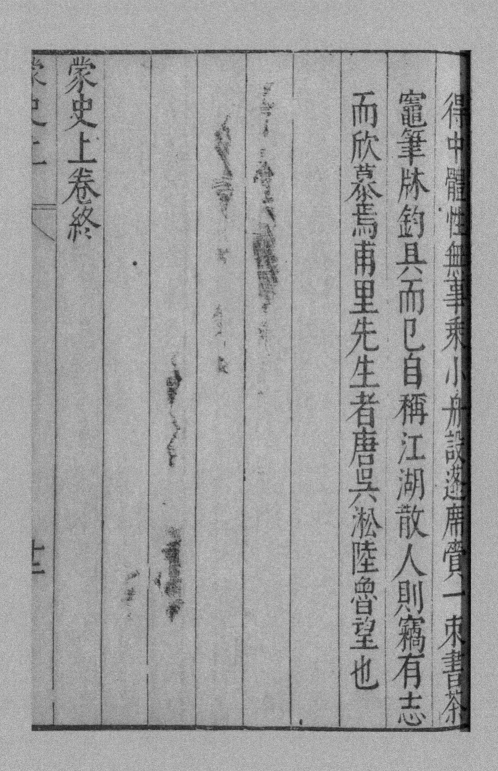

蒙史下卷

明武陵龍膺君御著

茶品述

爾雅曰檟苦茶（早採者爲茶晚採者爲茗）

建州北茶先春龍焙洪州西山白露雙井白茅鶴頂吉安州顧渚紫筍常州義興紫筍陽羨春池陽鳳嶺睦州鳩坑宣州陽坑南劍蒙頂石花露鋑籛牙南康雲居峽州碧澗明月東川獸目福州方山露芽壽州霍山黃芽蜀雅

州蒙山頂有露芽穀芽皆云火前者言採造於禁火前蘄門團黄有一旗二槍之號言一葉二芽也潭州鐵色茶色如鐵湖州紫筍湖州金沙泉州當二郡界茶時一汲畢至泉處拜祭乃得水

夢溪筆談曰茶芽古人謂之雀舌麥顆言至嫩也今茶之美者其質素良而所植之土又美則新芽一發便長寸餘其細如針唯芽長爲上品以其質榦土力皆有餘故也如雀舌麥

粗極下林耳

建茶勝處曰郝源曾坑其間又岔根山頂二品尤勝李氏時號爲北苑置使領之

焦坑產庾嶺下味苦硬久方回甘浮石已乾霜後火焦坑新試雨前茶坡南還回至章貢顯聖寺詩也然非精品

熙寧後始貴密雲龍每歲頭綱脩貢奉宗廟供玉食也賚臣下無幾戚里貴近丐賜尤繁宣仁一日慨嘆曰令建州今後不得造密雲龍

受他人煎炒不得由是密雲龍名益著

建茶盛於江南龍團茶最上一斤八餅慶曆中蔡君謨爲福建運使始造小團充貢一斤二十餅所謂上品龍茶也仁宗尤所珍惜惟郊祀致齋之夕兩府各四人共賜一餅宮人鏤金爲龍鳳花貼其上歐陽公詩揀芽名雀舌賜茗出龍團是也餅制碾法今廢不用

鴻漸有云烹茶于所産處無不佳蓋水土之宜也況旋摘旋瀹兩及其新耶今武陵諸泉惟

龍泓入品而茶亦惟龍泓山爲最兹山深厚高秀爲兩山主故其泉清寒甘香雅宜煮茶又其上爲老龍泓寒碧倍之其地產茶爲難北山絶頂鴻漸第錢塘天竺靈隱者品下當未識此郡志亦只稱寶雲香林白雲諸茶皆弗能及龍泓也

名山屬雅州魏蒙山也其頂產茶圖經云受陽氣全故香今四頂園茶不廢惟中頂草木繁重雲積霧蟄獸時出人罕到者青州有蒙山

產茶味苦亦名蒙頂茶
南昌西山鶴嶺產茶亦佳
武夷山茶佳品也泰寧亦產茶蔡襄有茶譜
六安茶用大温水洗淨去沫用罐浸鹵亢好沸
水用可消風醒瀘州茶可療風疾
今時茶法甚精虎丘羅岕天池顧渚松蘿龍井
鴈蕩武夷靈山大盤日鑄諸茶爲最勝皆陸
經所不載者乃知靈草在在有之但人不知
培植或疎于製法耳

其地如桃源安化多產茶葉土人止知蒸法如
羅岕耳若能製如天池松蘿香味更美吾孝
廉兄君超置有茶山園在桃源鄭家驛西南
二十里巖谷竒峭澗壑幽靚居人以茶爲業
耕石田而茶味濃厚近稍稍知炒焙法

松蘿茶出休寧松蘿山僧大方所創造予理新
安時入松蘿親見之爲書茶僧卷其製法用
鐺磨擦光淨以乾松枝爲薪炊熱候微炙手
將嫩茶一握置鐺中札札有聲急手炒匀出

之箕上箕用細篾爲之薄攤箕內用扇搧冷略加揉挼再畧炒另入文火鐺焙乾色如翡翠

湯太嫩則茶味不出過沸則水老而茶乏惟有花而無衣乃得點瀹之候子瞻詩云蟹眼已過魚眼生颼颼欲作松風鳴山谷詩云曲几蒲團聽煮湯煎成車聲遶羊腸二公得此解矣

李約云茶須緩火炙活火煎活火謂炭火之有

焰者蘇公詩活火仍須活水烹是也山中不常得炭且死火耳不若枯松枝爲妙若寒月多拾松實蓄爲煮茶之具更雅北方多石炭南方多木炭而蜀又有竹炭燒巨竹爲之易燃無煙耐久亦奇物

清波雜志曰長沙匠者造茶器極精緻工直之厚等所用白金之數士夫家多有之寘几案間但以侈靡相夸初不常用司馬溫公偕范蜀公游嵩山各携茶往溫公以紙爲貼蜀公

盛以小黑合溫公見之驚曰景仁乃有茶器

蜀公遂留合與寺僧

又曰饒州景德鎮陶器所自出於大觀間窯變色紅如硃砂謂熒惑躔度臨照而然物反常爲妖窯戶亟碎之時有玉牒防禦使仲揖年八十餘居饒得數種出以相示云比之定州紅甆器尤鮮明越上祕色器錢氏有國日供奉之物不得臣下用故曰祕色又汝窯宮中禁燒内有瑪瑙末爲油唯供御揀退方許出

賣近尤難得
昭代宣成靖窑器精良亦足珍玩
茶有九難陰采夜焙非造也嚼味嗅者非別也膏薪庖炭非火也飛湍壅潦非水也外熟內生非炙也碧粉縹塵非末也操艱攪遽非煮也夏興冬廢非飲也膩鼎腥甌非器也
王肅初入魏不食酪漿唯渴飲茗汁一飲一斗人號爲漏巵後與高祖會乃食酪粥高祖恠之肅言唯茗下中與酪作奴因此又號茗飲

爲酪奴

和凝在朝率同列遞日以茶相飲味劣者有罰號爲湯社建人亦以鬬茶爲茗戰

陸羽沔人字鴻漸號桑苧翁詔拜太常不就寓居廣信郡北茶山中一號東岡子嗜茶環植數畒善品泉味稱歡茗者宗焉羽著茶經常伯熊復著論推廣之

李季卿宣慰江南至臨淮知伯熊善茶乃請伯熊伯熊著黃帔衫烏紗幘手執茶器口通茶

名區分指點左右括目茶熟李爲歠兩杯既到江外復請陸陸衣野服隨茶具而入如伯熊故事茶畢季卿命取錢三十文酬博士鴻漸夙遊江介通狎勝流遂收茶錢茶具雀躍而出旁若無人

覺林院僧志崇收茶爲三等待客以驚雷莢自奉以萱草帶供佛以紫茸香紫茸其取上也客赴茶者皆以油囊盛餘瀝而歸

王濛好茶人過輙飲之士大夫甚以爲苦每欲

候濛必云今日有水厄
學士陶穀得黨太尉家姬取雪水煎茶曰黨家
應不識此姬曰彼武人但能於銷金帳下飲
羊羔酒爾
唐肅宗賜張志和奴婢各一志和配之號漁童
樵青漁童捧釣收綸蘆中鼓枻樵青蘇蘭薪
桂竹裏煎茶
避暑録裴晉公詩云飽食緩行初睡覺一甌新
茗侍兒煎脫巾斜倚繩床坐風送水聲來耳

邊公自得志吾山居亭此多矣今歲新茶適
佳夏初作小池導安樂泉注之亦澄澈可喜
雅州山曰中頂有僧病冷遇老叟曰僊家有雷
鳴茶候雷發聲於中頂採摘一兩服未竟病
瘥精健至八十餘入青城山不知所之李德
裕入蜀得蒙餅沃湯移時盡化者乃眞
盧仝居東都韓昌黎喜其詩性嗜茶有謝孟諫
議茶歌曰紗帽籠頭自煎喫
歐陽文忠公嘗新茶詩泉甘器潔天色好未中

揀擇客亦佳停匙側盞試水路拭目向空看乳花又詩有云吾年向老世味薄所好未衰惟飲茶泛泛白花如粉乳乍見紫面生光華論功可以療百疾輕身久服勝胡麻又雙井茶詩西江水清江石老石上生茶如鳳爪窮臘不寒春氣早雙井芽生先百草又送龍茶與許道士絕句我有龍團古蒼壁九龍泉深一百尺憑君汲井試烹之不是人間香味色東坡種茶詩畧曰松間旋生茶已與松俱瘦紫

笋雖不長孤根乃獨壽移裁白鶴嶺土軟春雨後彌旬得連陰似許晚遂茂未任供臼磨且作資摘嗅于團輸大官百餅銜私鬬何如此一啜有味出吾圃（胥亦有種茶詩）

公汲江煎茶詩

活水還須活火烹自臨釣石取深清大瓢貯月歸春甕小杓分江入夜餅茶雨巳飜煎處脚松風忽作瀉時聲枯腸未易禁三盌坐數荒村長短更

又謝毛正仲惠茶詩

繆爲淮海帥每愧廚傳缺空煩火泥印遠致紫玉玦坐

客皆可人鼎器手自潔金釵候湯眼魚蠏亦
應訣遂令色香味一日備三絕
東坡云到杭一遊龍井謁辨才遺像持密雲團
爲獻龍井孤山下有石室前有六一泉白而
甘湖上壽星院竹極偉其傍智果院有參寥
泉及新泉皆甘冷異常當時往一酌
建安能仁院有茶生石巖間僧採造得茶八餅
號曰巖白以四餅遺蔡襄以四餅遺王内翰
禹玉歲餘蔡被召還闕過禹玉禹玉命子弟

於茶筒中選精品碾以待蔡蔡捧茶未嘗輙
曰此極似能仁石巖白公何以得之禹玉未
信索帖驗之果然
周煇清波雜志曰煇山惠家泉石皆爲几案物
親舊東來數聞松竹平安信且時致陸子泉
茗盌殊不落莫頃歲成可致于汴都但未免
瓶盎氣用細沙淋過則如新汲時號折洗惠
山泉天台竹瀝水斷竹稍屈而取之盈甕若
雜以他水則亟敗蘇才翁與蔡君謨比茶蔡

茶精用惠山泉蘇劣用竹瀝水煎勝能取勝此說見江鄰幾所著嘉祐雜志雙井因山谷迺重蘇魏公嘗云平生薦舉不知幾何人唯孟安序朝奉歲以雙井一瓮爲餉葢公不納苞苴顧獨受此其亦珍之耳

羅高君茶解云山堂夜坐手烹香茗至水火相戰儼聽松蘿傾瀉入甌雲光縹緲一段幽趣故難與俗人言

蒙史下卷終

蔡端明別紀 摘錄

明三山徐𤊹興公輯

茶癖

世言團茶始於丁晉公前此未有也慶曆中蔡君謨爲福建漕使更製小團以充歲貢元豐初下建州又製密雲龍以獻其品高於小團而其製益精矣曾文昭所謂莆陽學士蓬萊仙製成月團飛上天又云密雲新樣尤可喜名出元豐聖天子是也唐陸羽茶經於建茶尚云未詳而

當時獨貴陽羨茶歲貢特盛茶山居湖常二州之間修貢則兩守相會山椒有境會亭基尚存盧仝謝孟諫議茶詩云天子須嘗陽羨茶百草不敢先開花是已然又云開緘宛見諫議面手閲月團三百片則團茶已見于此當時李郢茶山貢焙歌云蒸之護之香勝梅研膏架動聲如雷茶成拜表貢天子萬人争噉春山摧觀研膏之句則知嘗為團茶無疑自建茶入貢陽羨不復研膏祇謂之草茶而已韻語陽秋

茶之品莫貴于龍鳳謂之團茶凡八餅重一斤慶曆中蔡君謨爲福建路轉運使始造小片龍茶以進其品絶精謂之小團凡二十餅重一斤其價值金二兩然金可有而茶不可得每因南郊致齋中書樞密院各賜一餅四人分之宮人往往縷金花其上葢其貴重如此歸田錄

故事建州歲貢大龍鳳團茶各二斤以八餅爲斤仁宗時蔡君謨知建州始別擇茶之精者爲小龍團十斤以獻斤爲十餅仁宗以非故事命

効之大臣爲請因留而免効然自是遂爲歲額石林燕語

論者謂君謨學行政事高一世獨貢茶一事比于宦官宮妾之愛君而閩人歲勞費于茶貽禍無窮蘇長公亦以進茶譏君謨有前丁後蔡之語殊不知理欲同行異情蔡公之意主於敬君丁謂之意主于媚上不可一槩論也後曾子固在福州亦進荔枝未可以是少之也興化志

丁晉公爲福建轉運使始製鳳團後又爲龍團

不過四十餅專擬上供雖近臣之家徒聞之未嘗見也天聖中蔡君謨又爲小團其品迥加于大團賜兩府然止于一斤惟上大齋宿八人兩府共賜小團一餅縷之以金八人折歸以侈非常之賜親知瞻玩賡唱以詩畫墁錄

建茶盛于江南近歲制作尤精龍團茶最爲上品一斤八餅慶曆中蔡君謨爲福建運使始造小團以充歲貢一斤二十餅所謂上品龍茶者也仁宗尤所珍惜雖宰相未嘗輙賜惟郊禮致

齋之夕兩府各四人共賜一餅宮人剪金爲龍鳳花貼其上八人分蓄之以爲奇玩不敢自試有佳客出爲傳玩歐陽文忠公云茶爲物之至精而小團又其精者也嘉祐中小團初出時也今小團易得何至如此珍貴澠水燕談錄

歐陽文忠公嘗新茶呈聖俞云建安三千里三月嘗新茶人情好先務取勝百物貴早相矜誇年窮臘盡春欲動蟄雷未起驅龍蛇夜聞擊鼓滿山谷千人助叫聲喊呀萬木寒癡睡不醒惟

有此樹先萌芽乃知此爲最靈物宜其獨得天
地之英華終朝採摘不盈掬通犀銙小圓復窊
鄙哉穀雨槍與旗多不足貴如刈麻建安太守
急寄我香蒻包裹封題斜泉甘器潔天色好坐
中揀擇客亦嘉新香嫩色如始造不似來遠從
天涯停匙側盞試水路拭目向空看乳花可憐
俗夫把金錠猛火炙背如蝦蟆由來真物有真
賞坐逢詩老頻咨嗟須臾共起索酒飲何異奏
雅終淫哇次韻再作云吾年向老世味薄所好

未衰惟飲茶建溪苦遠雖不到自少嘗見閩人
誇每嗤江浙凡茗草叢生狠藉惟龍蛇豈如含
膏入香作金餅蜿蜒兩龍戲以呀其餘品第亦
奇絕愈小愈精皆露芽泛之白花如粉乳乍見
紫面生光華手持心愛不欲碾有類美印幾成
窊論功可以療百疾輕身久服信胡麻我謂斯
言頗過矣其寔最能祛睡邪茶官貢餘偶分寄
地遠物新來意嘉親烹屢酌不知厭自謂此樂
眞無涯未言久食成手顫已覺疾饑生眼花客

遭水厄疲捧椀口吻無異蝕月蟇僮奴傍視疑復咲嗜好乖僻誠堪嗟更蒙酬句怪可駭兒曹助噪聲哇哇歐陽文忠公集

余觀東坡荔枝嘆注云大小龍茶始于晋公而成于蔡君謨歐陽永叔聞君謨進龍團驚嘆曰君謨士人也何至作此事今年閩中監司乞進鬭茶許之故其詩云武夷溪邊粟粒芽前丁後蔡相寵加爭買龍團各出意今年鬭品充官茶則知始作俑者大可罪也冷齋夜話

蔡君謨善別茶後人莫及建安能仁院有茶生石縫間寺僧采造得茶八餅號石巖白以四餅遺君謨以四餅密遣人走京師遺王內翰禹玉歲餘君謨被召還闕訪禹玉禹玉命子弟于茶笥中選取茶之精品者碾待君謨君謨捧甌未嘗輒曰此茶極似能仁石巖白公何從得之禹玉未信索茶貼驗之乃服墨客揮犀

王荆公爲小學士時嘗訪君謨君謨聞公至喜甚自取絕品茶親滌器烹點以待公冀公稱賞

公于夾袋中取消風散一撮投茶甌中併食之君謨失色公徐曰大好茶味君謨大笑且嘆公之眞率也（墨客揮犀）

蔡君謨議茶者莫敢對公發言建茶所以名重天下由公也後公製小團其品尤精于大團一日福唐蔡葉丞秘教召公啜小團坐久復有一客至公啜而味之曰非獨小團必有大團雜之丞驚呼童曰本碾造二人茶繼有一客至造不及乃以大團兼之丞服公之明審（墨客揮犀）

晁氏曰試茶錄二卷皇朝蔡襄撰皇祐中修注仁宗常面諭云卿所進龍茶甚精襄退而記其烹試之法成書二卷進御世傳歐公聞君謨進小團茶驚曰君謨士人何故如此文獻通考

公茶壠詩云造化曾無私亦有意所加夜雨作春力朝雲護日車千萬碧玉枝戢戢抽靈芽採茶詩云春衫逐紅旗散入青林下陰崖喜先至新苗漸盈把競携筠籠歸更帶山雲寫造茶詩云屑玉寸陰間摶金新範裏規呈月正圓勢動

龍初起出焙色香全爭誇火候是試茶詩云兔毫紫甌新蟹眼清泉煮雪凍作成花雲散未垂縷願爾池中波去作人間雨茶書

晁氏曰東溪試茶録一卷皇朝朱子安集拾丁蔡之遺東溪亦建安地名茶書

梅聖俞和杜相公謝蔡君謨寄茶云天子歲嘗龍焙茶茶官催摘雨前芽團香已入中都府鬭品爭傳太傅家小石冷泉留早味紫泥新品泛春華吳中內史才多少從此蓴羹不足誇因茶

而薄蓴羹是亦至論陸機以蓴羹對晉武帝羊酪是時尚未有茶耳然張華博物志已有真茶令人不寐之語瀛奎律髓

陸羽茶經裴汶茶述皆不載建品唐末然後北苑出焉宋朝開寶間始命造龍團以别庶品厥後丁晉公漕閩乃載之茶錄蔡忠惠又造小龍團以進東坡詩云武夷溪邊粟粒芽前丁後蔡相寵加吾君所乏豈此物致養口體何陋邪茶之爲物滌煩雪滯於務學勤政未必無助其與

進荔枝桃花者不同然充類至義則亦宦官宮
妾之愛君也忠惠直道高名與范歐相亞而進
茶一事乃儕晉公君子之舉措可不慎哉鶴林玉露
歐陽脩龍茶錄後序云茶為物之至精而小團
又其精者録敘所謂上品龍茶者是也蓋自君
謨始造而歲貢焉仁宗尤所珍惜雖輔相之臣
未嘗輒賜惟南郊大禮致齋之夕中書樞密院各四
人共賜一餅宮人剪金為龍鳳花草貼其上兩
府八家分割以歸不敢碾試相家藏以為寳時

有佳客出而傳翫爾至嘉祐七年親享明堂齋夕始人賜一餅余亦忝預至今藏之余自以諫官供奉仗內至登二府二十餘年纔一獲賜而丹成龍駕舐鼎莫及每一捧翫清血交零而已因君謨著錄輙附于後庶知小團自君謨始而可貴如此治平甲辰七月丁丑廬陵歐陽修書還公期書室　歐陽文忠集

北苑茶焙在建寧吉苑里鳳皇山之麓咸平中丁謂為本路漕監造御茶歲進龍鳳團慶曆間

蔡襄爲漕使始改造小龍團茶尤極精妙邑人熊蕃詩云外臺慶曆有仙官龍鳳才闕製小團蓋謂是也其後則有細色五綱第一綱曰貢新第二綱曰試新第三綱曰龍團勝雪曰白茶曰御苑玉芽曰萬壽龍芽曰上林第一曰乙夜供清曰承平雅玩曰龍鳳英華曰玉除清賞曰啓沃承恩曰雪英曰雪葉曰蜀葵曰金錢曰玉華曰寸金第四綱曰無比壽芽曰萬春銀葉曰宜年寶玉曰玉清慶雲曰無疆壽龍曰玉葉長春

曰瑞雲翔龍曰長壽玉圭曰興國岩銙曰香口焙銙曰上品揀芽曰新收揀芽第五綱曰太平嘉瑞曰龍苑報春曰南山應瑞曰興國揀芽曰興國岩小龍曰興國岩小鳳曰大龍曰大鳳其粗色七綱曰小龍曰小鳳曰大龍大鳳曰不入腦上品揀芽小龍曰入腦小龍曰入腦小鳳曰入腦大龍入腦大鳳此茶之名色也北焙之名極盛于宋當時士大夫以爲珍異而寳重之嗟夫以一草一木之味而勞民動衆靡費不貲餘人

不足道君謨號正人君子亦恐爲此何也雜述

武夷喊山臺在四曲御茶園中製茶爲貢自宋蔡襄始先是建州貢茶首稱北苑龍團而武夷之石乳名猶未著也宋劉說道詩云靈芽得春光龍焙收奇芬進入蓬萊宮翠甌生白雲坡詩咏粟粒猶記少時聞武夷志

公出東門向北路詩云曉行東城隅光華著諸物溪漲浪[illegible]天晴鳥聲出稍稍見人烟川原正蒼鬱北苑詩云蒼山走千里村落分兩臂靈

泉出地清嘉卉得天味入門脫世氣官曹真傲吏建州志

歐陽公和梅公儀嘗茶云溪山擊鼓助雷驚逗曉靈芽發翠莖摘處兩旗香可愛貢來雙鳳品尤精寒侵病骨惟思睡花落春愁未解酲喜共紫甌吟且酌羨君瀟洒有餘清歐陽集

歐陽公送龍茶與許道人云潁陽道士青霞客來似浮雲去無跡夜朝北斗太清壇不道姓名人不識我有龍團古蒼璧九龍泉深一百尺憑

君汲井試烹之不是人間香味色歐陽文集

蔡君謨謂范文正曰公采茶歌云黄金碾畔緑塵飛碧玉甌中翠濤起今茶絶品其色甚白翠緑乃下者耳欲改爲玉塵飛素濤起如何希文曰善珍珠船

蘇才翁與蔡君謨鬬茶俱用惠山泉蘇茶少劣用竹瀝水煎遂能取勝珍珠船

蔡端明守福州日試茶必取北郊龍腰泉水烹煮無沙石氣手書茗泉二字立泉側三山志

蔡君謨湯取嫩而不取老蓋爲團餅茶發耳今旗芽鎗甲湯不足則茶神不透茶色不明故茗戰之捷尤在五沸（太平清話）

東坡云茶欲其白常患其黑墨則反是然墨磨隔宿則色暗茶碾過日則香減頗相似也茶以新爲貴墨以古爲佳又相反也茶可于口墨可于目蔡君謨老病不能飲則烹而玩之呂行甫好藏墨而不能書則時磨而小啜之此又可以發來者一笑也（春渚紀聞）

北苑連屬諸山茶最勝北苑前枕溪流北涉數里茶皆氣弇然色濁味尤薄惡況其遠者乎亦猶橘過淮爲枳也近蔡公作茶錄亦云隔溪諸山雖及時加意製造色味皆重矣蔡公又云北苑鳳皇山連屬諸焙所產者味佳慶曆中歲貢有曾坑上品一斤叢出于此氣味殊薄而蔡公茶錄亦不云曾坑者佳東溪試茶錄

龍鳳等茶皆太宗朝所製至咸平初丁晉公漕閩始載之於茶錄慶曆中蔡君謨將漕創小龍

團以進被旨乃歲貢之自小團出而龍鳳遂爲次矣（熊蕃北苑貢茶錄）

君謨論茶色以青白勝黃白余論茶味以黃白勝青白（黃儒品茶要錄）

杭妓周韶有詩名好畜奇茗嘗與蔡君謨鬬勝題品風味君謨屈焉（詩女史）

襄啓暑熱不及通謁所若想已平復日夕風日酷煩無處可避人生韁鎖如此可嘆可嘆精茶數片不一一襄上公謹左右（宋名賢尺牘）

終

茗譚

明東海徐𤊹興公著

品茶最是清事若無好香在爐遂乏一段幽趣焚香雅有逸韻若無名茶浮碗終少一番勝緣是故茶香兩相爲用缺一不可饗清福者能有幾人

王佛大常言三日不飲酒覺形神不復相親余謂一日不飲茶不獨形神不親且語言亦覺無味矣

幽竹山窓鳥啼花落獨坐展書新茶初熟鼻觀生香睡魔頓却此樂正索解人不得也

飲茶須擇清癯韻士爲侶始與茶理相契若腯漢肥傖滿身垢氣大損香味不可與作緣

茶事極清烹點必假姣童季女之手故自有致若付虯髯蒼頭景色便自作惡縱有名產頓減聲價

名茶每於酒筵間遞進以解醉翁煩渴亦是一厄

古人煎茶詩摹寫湯候各有精妙皮日休云時看蟹目濺乍見魚鱗起蘇子瞻云蟹眼已過魚眼生颼颼欲作松風鳴蘇子由云銅鐺得火蚯蚓叫李南金云砌蟲唧唧萬蟬催想像此景習習風生

温陵蔡元履茶事咏云煎水不煎茶水高發茶味大都瓶杓間要有山林氣又云酒德泛然親茶風必擇友所以湯社事須經我輩手眞名言也

茶經所載閩方山産茶今間有之不如鼓山者佳侯官有九峰壽山福清有靈石永福有名山室皆與鼓山伯仲然製焙有巧拙聲價因之低昂

余欲搆一室中祀陸桑苧翁左右以盧玉川蔡君謨配饗春秋祭用奇茗是日約通茗事數人爲鬬茗會畏水厄者不與焉

錢唐許然明著茶疏四明屠豳叟著茗芨聞隱鱗著茶箋羅高君著茶解南昌喻正之著茶書

數君子皆與予善眞具味也

注茶莫美於饒州瓷甌藏茶莫美於泉州沙瓶若用饒器藏茶易於生潤屠幽叟曰茶有遷德幾微見防如保赤子云胡不臧宜三復之

茶味最甘烹之過苦飲者遭良藥之厄羅景綸山靜日長一篇雅有幽致但兩云烹苦茗似未得玄賞耳

名茶難得名泉尤不易尋有茶而不瀹以名泉猶無茶也

吳中顧元慶茶譜取諸花和茶藏之殊奪眞味閩人多以茉莉之屬浸水瀹茶雖一時香氣浮碗而於茶理大舛但斟酌時移建蘭素馨薔薇越橘諸花於几案前茶香與花香相雜尤助清況

徐獻忠水品載福州南臺山泉清冷可愛然不。如東山聖泉鼓山喝水巖泉北龍腰山苔泉尤佳

新安詹東圖孔目嘗謂人曰吾嘗茶一啜能百

五十碗如人之於酒直醉耳名其軒曰醉茶其語頗不經王元美沈嘉則俱作歌贈之王云酒耶茶耶俱我有醉更名茶醒名酒沈云嘗聞西楚賣茶商範磁作羽沃沸湯寄言今莫範陸羽只鑄新安詹太史雖不能無嘲謔之意而風致足羨

孫太白詩云瓦鐺然野竹石甕瀉秋江水火聲初戰旗槍勢已降得煮茶三昧

吳門文子悱壽承仲子也詩題云午睡初足侍

兒烹天池茶至爐宿餘香花影在簾意頗閒暢適馮正伯來借玉壺冰因而作詩數語足資飲茶譚柄

高季迪云流水聲中響緯車板橋春暗樹無花風前何處香來近隔崦人家午焙茶雅有山林風味余喜誦之

泉州清源山產茶絕佳又同安有一種英茶較清泉尤勝實七閩之第一品也然泉郡志獨不稱此郡有茶何耶

余嘗至休寧聞松蘿山以松多得名無種茶者休志云遠麓有地名榔源產茶山僧偶得製法托松蘿之名大噪一時茶因湧貴僧既還俗客索茗于松蘿司牧無以應往往贗售然世之所傳松蘿豈皆榔源產歟

人但知皇甫曾有送陸羽採茶詩而不知皇甫冉亦有送羽詩云採茶非採菉遠遠上層厓布葉春風暖盈筐白日斜舊知山寺路時宿野人家借問王孫草何時泛椀花

吳興顧渚山唐置貢茶院傍有金沙泉汲造紫筍茶有司具禮祭始得水事迄即涸武夷山宋置御茶園中有喊山泉仲春縣官詣茶場致祭井水漸滿造茶畢水遂渾涸以一草木之微能使水泉盈涸茶通仙靈信非虛語

蘇子瞻愛玉女河水烹茶破竹爲契使寺僧藏其一以爲往來之信謂之調水符吾鄉亦多名泉而監司郡邑取以瀹茗汲者往往雜他水以進有司竟售其欺蘇公竹符之設自不可少耳

文徵仲云白絹旋開陽羨月竹符新調惠山泉用蘇事也

栁惲墳與白蘋洲唐有胡生以釘鉸為業所居與墳近每奠以茶忽夢惲告曰吾栁姓平生善詩嗜茗感子茶茗之惠無以為報願子為詩生悟而學詩時有胡釘鉸之稱與茶經所載剡縣陳務妻獲錢事相類噫以惲之死數百年猶托英靈如此不知生前之嗜又當何如也

陸魯望嘗乘小舟置筆床茶竈釣具往來江湖

性嗜茶置園于顧渚山下自為品第書繼茶經茶訣之後有詩云決決春泉出洞霞石壜封寄野人家草堂盡日留僧坐自向前溪摘茗芽可以想其風致矣

種茶易採茶難採茶易焙茶難焙茶易藏茶難藏茶易烹茶難稍失法律便減茶勲

穀雨乍晴柳風初暖齋居燕坐澹然寡營適武夷道士寄新茗至呼童烹點而皷山方廣九峰僧各以所產見餉遞盡試之又思眠雲

跋石人了不可得遂筆之於書以貽同好萬

曆癸丑暮春徐𤊹興公書於荔奴軒

茗譚終

茶書

九十 止

茶香

九

上

茶集邨

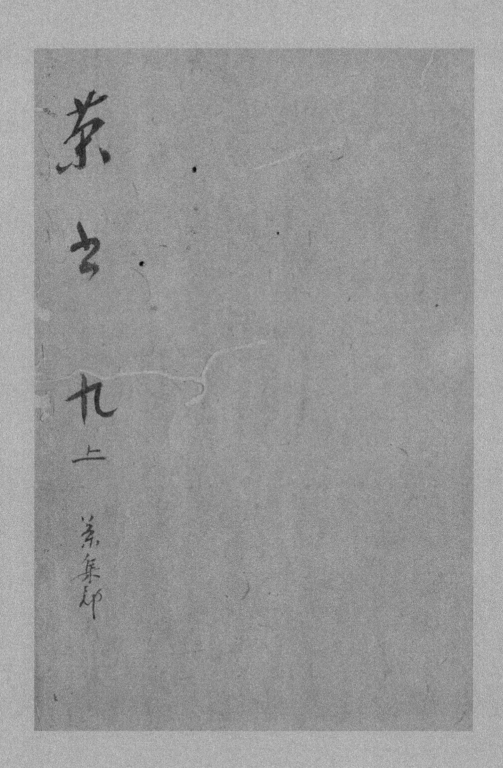

茶集卷之一

明南昌喻政選輯

文類

葉嘉傳

宋蘇軾

葉嘉閩人也其先處上谷曾祖茂先養高不仕好游名山至武夷悅之遂家焉嘗曰吾植功種德不爲時採然遺香後世吾子孫必盛於中土當飲其惠矣茂先葬郝源子孫遂爲郝源民至嘉少植節操或勸之業武曰吾當爲天下英武

之精一槍一旗豈吾事哉因而游見陸先生先生奇之爲著其行錄傳於時方漢帝嗜閱經史時建安人爲謁者侍上上讀其行錄而善之曰吾獨不得與此人同時哉曰臣邑人葉嘉風味恬淡淸白可愛頗負其名有濟世之才雖羽知猶未詳也上驚勑建安太守召嘉給傳遣詣京師郡守始令採訪嘉所在命齎書示之嘉未就遣使臣督促郡守曰葉先生方閉門制作研味經史志圖挺立必不屑進未可促之親至山中

爲之勸駕始行登車遇相者揖之曰先生容質異常矯然有龍鳳之姿後當大貴嘉以皂囊上封事天子見之曰吾久飫卿名但未知其實爾我其試哉因顧謂侍臣曰視嘉容貌如鐵資質剛勁難以遽用必槌提頓挫之乃可遂以言恐嘉曰碪斧在前鼎鑊在後將以烹子子視之如何嘉勃然吐氣曰臣山藪猥士幸爲陛下採擇至此可以利生雖粉身碎骨臣不辭也上笑命以名曹處之又加樞要之務焉因誡小黃門監

之有須報曰嘉之所爲猶若粗疎然上曰吾知其才第以獨學未經師耳嘉爲之屑屑就師須刻就事已精熟矣上乃勅御史歐陽高金紫光祿大夫鄭當時甘泉侯陳平三人與之同事歐陽疾嘉初進有寵曰吾屬且爲之下矣計欲傾之會天子御延英促召四人歐但熱中而已當時以足擊嘉而平亦以口侵陵之嘉雖見侮爲之趄立顏色不變歐陽悔曰陛下以葉嘉見託吾輩亦不可忽之也因同見帝陽稱嘉美而因

以輕浮訿之嘉亦訴於上上爲責歐陽憐嘉視其顏色久之曰葉嘉真清白之士也其氣飄然若浮雲矣遂引而宴之少間上鼓舌欣然曰始吾見嘉未甚好也久味其言令人愛之朕之精魄不覺洒然而醒書曰啓乃心沃朕心嘉之謂也於是封嘉鉅合侯位尚書曰尚書朕喉舌之任也由是寵愛日加朝廷賓客遇會宴享未始不推嘉於上日引對至於再三後因侍宴苑中上飲踰度嘉輒苦諫上不悅曰卿司朕喉舌而

以苦辭逆我余豈堪哉遂嚼之命左右仆於地嘉正色曰陛下必欲甘辭利口然後愛耶臣雖言苦久則有效陛下亦嘗試之豈不知乎上顧左右曰始吾言嘉剛勁難用今果見矣因含容之然亦以是疎嘉嘉既不得志退去閩中既而曰吾未如之何也已矣上以不見嘉月餘勞於萬機神薾思困頗思嘉因命召至喜甚以手撫嘉曰吾渴欲見卿久矣遂恩遇如故上方欲南誅兩越東擊朝鮮北逐匈奴西伐大宛以兵革

爲事而大司農奏計國用不足上深患之以問嘉嘉爲進三策其一曰榷天下之利山海之貲一切籍於縣官行之一年財用豐贍上大悅兵興有功而還上利其財故榷法不罷管山海之利自嘉始也居一年嘉告老上曰鉅合侯其忠可謂盡矣遂得爵其子又令郡守擇其宗支之良者每歲貢焉嘉子二人長曰摶有父風故以襲爵次子挺抱黄白之術比於摶其志尤淡泊也嘗散其貲拯鄉閭之困人皆德之故鄉人以

春伐鼓大會山中求之以爲常

贊曰今葉氏散居天下皆不喜城邑惟樂山居氏於閩中者蓋嘉之苗裔也天下葉氏雖夥然風味德馨爲世所貴皆不及閩閩之居者又多而郝源之族爲甲嘉以布衣遇天子爵徹侯位八座可謂榮矣然其正色苦諫竭力許國不爲身計蓋有以取之夫先王用於國有節取於民有制至於山林川澤之利一切與民嘉爲策以榷之雖救一時之急非先王之舉也君子譏之

或云管山海之利始於鹽鐵丞孔僅桑弘羊之謀也嘉之策未行於時至唐趙讃始舉而用之

清苦先生傳

元楊維楨

先生名櫒字荈之姓賈氏别號茗仙其先陽羡人也世係綿遠散處之中州者不一先生幼而穎異於諸眷族中最其風致卜居隱於姑蘇之虎丘與陸羽盧仝輩相友善號勾吳三隽每二人遊必挾先生隨之以故情誼日殷衆咸目之爲死生交然先生之爲人芬馥而爽朗磊落而

踈豁不媚於世不阿於俗凡有請求則必攝緘縢固扃鐍假入擕擕而徃四方之士多親炙之雖窮簷蔀屋足跡未嘗少絶偶乘月大江泛舟取金山中泠之水而瀹之因品爲第一泉遂遨遊不輟尤喜僧室道院貪愛其花竹繁茂水石清奇徜徉容與逌然不忍去構小軒一所扁曰松風深處中設兕彝翫好之物爐燒榾柮煨芋栗而啜之因賦詩有松風乍響匙翻雪梅影初横月到窻之句或琴奕之間樽俎之上先生無

不⿰氵介爲文性惡旨酒每對醉客必攘袂而剖析
之客醉亦因之而少解少嗜詩書百家之學諷
至夜分終不告勸所至高其風味樂其真率而
無詆評之者而世之枯吻者仰之如甘露昏瞑
者飫之若醍醐或譽之以嘉名而先生亦不以
爲華或咈之非義而先生亦不與之較其清苦
猶介之操類如此或者比倫之以爲伯夷之亞
其標格具於黃太史魯直之賦其顛末詳諸蔡
司諫君謨之譜茲故弗及贅也

太史公曰賈氏有二出其一晉文公舅子犯之子狐射姑食采於賈後世因以爲姓至漢文時洛陽少年誼挾經濟之才上治安之策帝以其深達國體欲位之以卿相絳灌之徒扼之遂疎出之爲梁王太傅弗伸厥志雖其子孫蕃衍終亦不振有僭擬龍鳳團爲號者又其疎遜之屬各以驕貴夸侈日思競以旗鎗宗人咸相戒曰彼稔惡不悛懼就烹於鼎鑊盍逃之或隱於蒙山或遁於建溪居無何而禍作後竟泯泯無聞

惟先生以清風苦節高之故沒齒而無怨言其亦庶幾乎篤志君子矣

茶居士傳

明徐𤊹

居士茶姓族氏衆多枝葉繁衍遍天下其在六安一枝最著爲大宗陽羨羅岕武夷匡廬之類皆小宗若蒙山又其别枝也巖泉徐子𤊹者味古今士也嘉靖中以使事至六安欲過居士訪之偶讀書宵分倦隱几夢神人告曰先生含英咀華余侍有年矣昔者陸先生不鄙世族爲作

譜及雜引爲經每紝士大夫余輒出其文章表見之陸先生名愈長余亦與有揚之之力焉先生其肯傳我乎余當以揚陸先生者揚先生徐子忽寤睜目視之無所見適童子盥雙手捧茶至乃知所夢者卽茶居士之先也遂作傳按茶氏苗裔最遠鴻濛初上帝憫庶類非所開形性二局各有司存焉茶氏列木品凢木材大者千尋其最小須十尺又與之性爲清爲香爲甘茶氏喜曰庶矣庶矣未也吾往叩當盍我乃伏闕

訴曰臣荷恩重頋世授首報然爲子若孫計請
乞藩封上帝怒曰小臣多欲罪當誅時帝方好
生不即誅下二局議司形者曰罪當貶其處深
岩幽谷其材二尺許性者曰與之苦疏請上裁
詔可之荼氏伏罪而出于是其處其材世守之
歷數百年皆山澤叟也無顯者三代以下國制
漸備間有識者然遇山人輙佌佌不適類戕賊
焉其少者最苦之長者曰吾以旗鎗衛若山人
聞之怒深春率女士噪呼菁莽中大擄之俘斬

無箕弁旗鎗搴奪焉有死者相枕藉者偃者仆者有子立者有傾且倚者有髡者荼氏愈出首愈敗然偵之則間諜挑釁多吳中人乃謀諸老者曰吾聞吳強國也昔齊景公泣涕女女矣吾如景公何春秋求成之義盍脩諸衆皆曰然於是長者自啣縛就山人俯伏曰吾不敵矣君特爲吳人獻我耳勿信君衛吾吾當令吳人歲歲貢金幣山人曰有是哉有是哉於是從其衆咸就山人山人始爲通好然亦無甚顯者嗣後有

楚狂裔孫陸羽先生者博物洽聞荼氏名蔬
山中訪之登其堂直入其室寂無纖塵躊躇四
顧北窗間僅石榻一設山水畫一幅蒲團數枚
香一爐棊一枰古琴一張案上有周易羲皇墳
典古詩書若干卷荼氏不出戒諸子曰先生識
者若等次第往見之以月日爲序少者最尾先
生擊筑而歌乃出迎披蒙茸裘衣朴古之衣或
蒼蘚迹尚存蓋荼氏山中習云乃延先生坐先
生問弟子弟子以次第見之獨少女誕穀雨前

故名雨前最嬌不出先生不知每一見者咸嘖嘖嘆賞為品題深有味乎其言也時茶氏以獨居不成味無以欸先生出而呼其相狎友數十輩共聚一室焉願各獻其能共成大美悅先生有第一泉氏第二泉氏第三泉氏有筐氏籠氏瓦壺氏爐氏火氏盂氏筯氏其果氏匙氏列階下聽先生召始往不召不敢往于時先生張口舌傾腸腹締交茶氏咸慶知己即命雨前出行酒先生一見大異之謂曰此子標格氣味不凡

儼品豈他日當近王者大貴第寶藏之勿輕以許人然造物忌盈汝子姓當世世顯榮發在少年汝長老宜讓之當澹泊隨時高下不問類可保長貴若雨前勿輕許人茶氏曰諾命雨前入遂入乃呼端溪氏玄圭氏楮氏中山氏咸就見中山氏免冠曰願乞先生言用旌主人先生命孟氏來連啜之一揮而就譜成經亦成茶氏再拜曰吾得此後世當有顯者先生賜遠矣遂别去今茶氏之譜與其經大散見文章家茶氏名

益重茶氏世世好脩潔與文人騷客高僧隱逸輩最親昵有毒侮於酒正者輒入底裏勸之酒正盡退舍不敢角立又能破人悶好吟詠吟詠者援之共席神氣灑灑腸不枯驚人句迭出焉故茶氏風韻絕俗不與凡品等特頗達市井或召之老者亦往士人由此益重茶氏凡延上賓修婚禮必邀茶氏與焉山人者流知士人重咸重由是益廣其資生爲之去濕就燥護侵伐防觸牴千百爲計雖烈日積雪大風雨山人視之益

篤然所居率無垣墻之制上帝不賜藩封也異中人知之更爲餌山人山人不從果貢金帛歲歲如初言山人遂德之與茶氏通世世好不絕一日有乘高軒者過其門詠老杜炙背採芹之句茶氏聞之驚曰得無知我雨前哉不數日果有疏雨前名上者上走中使持璽書命有司齎黃金色幣聘徃金色幣者上御赭袍示親寵也有司如命捧帛聘茶氏不得已命雨前拜賜有司促上馬雨前上馬盛陳仙樂設旗幟擇良使

從之計偕以上雨前馬上歌曰妾本山中質山中身蚤辭母兮多苦辛黄金爲幣兮色鱗鱗令日清明兮朝紫宸何以報君王恩又歌曰金幣纏頭兮百花帶鼓眈眈旂旗旗苦居中香在外紅塵百騎荔枝來太眞太眞兮今安在一時聞者皆泣下至京師直排帝閽入時上御便殿雨前叩首曰臣所謂苦盡甘來者蒙恩及草茅願赴湯火上憐之以手援之至就口焉上厚賞賜使者遂封爲龍團夫人命納諸後宫宫中一后

三嬪六妃九貴人十二夫人一時見者皆大悅郎延上座寵冠掖庭雨前性恬淡不驕雖羣娥亦狎且就之自后妃以下無少長少頃不見輙索其隆眷若此然雨前不能自行徙必藉相托乞恩于上上命玉容貴人與之俱玉容者其量有容故以容名玉容謝曰臣今得所矣昔上命黄封力士入宫禁力士性傲而氣雄且粗豪慣恃上恩至有擠臣傾仆時者臣嘗苦之不自禁懼無以完晚節臣今得所矣雨前亦以玉容同

出身山家甚宜之上謂雨前曰吾欲汝世世受國恩汝有家法否雨前曰臣微賤無家法臣侍奉中國不通外夷然族有善醫者西番人多重賂之君王幸爲保全使世守淸苦之節以免赤族當闕須鐵面上曰然以雨前請著爲令至今西羌之域尚有巡茶憲使云茶氏由此世通籍王家益顯且遠矣贊曰草木之生皆得天地之精之先也五穀尚矣然華者多不足於目實者多不足於口類皆可得於見聞而下逼於樵夫

牧豎不爲貴神仙家以松栢芝苓服之可長生吾又未聞見其術借有之其功用亦弗廣皆不足貴也若茶氏者樵夫牧豎所共知而知之者鮮能達其精其精通於神仙家而功用之廣則過之且世寵於王者而器之不少衰焉吁最貴哉最貴哉

味苦居士傳 茶甌　　明 支中夫

湯器之字執中饒州人嘗愛孟子苦其心志之言別號味苦居士謂學者曰士不受苦則善心

不生善心不生則無由以入德也是以人召之則行命之則往寒熱不辭多寡不擇旦暮不失路無幾微厭怠之色見於顏面或譏之曰子心志固苦矣筋骨固勞矣柰何長在人掌握之中乎曰士爲知己者死我之所遇者待我如執玉奉我如捧盈惟恐我少有所傷召我惟恐至之不速既至雖醉亦醒雖寐亦寤昏惰則勤忿怒則釋憂愁鬱悶則解無諫不入無見不懌不謂之知己可乎掌握我者敬我也非奴視也吾何

患焉我雖凉薄必不惰於庸人之手苟待我不謹使能虀粉我亦不往也嘗曰我雖未至於不器然子貢貴重之器亦非我所取也盖其器宜於宗廟而不宜於山林我則自天子至於庶人苟有用我者無施而不可也特爲人不用耳行已甚潔略無毫髮瑕玷妬忌者以謗玷之亦受之而不與辯不久則白人以涅不緇許之

太史公曰人見君子之勞而不知君子之安勞者由其知鄉義也能鄉義則物欲不能擾其心

豈有不安乎器之勉人受苦其亦知勞之義也

茶中雜詠序　唐皮日休

按周禮酒正之職辨四飲之物其三曰漿又漿人之職供王之六飲水漿醴涼醫酏以于酒府鄭司農云以水和酒也蓋當時人率以酒醴爲飲謂乎六漿酒之醨者也何得姬公製爾雅云檟苦荼卽不擷而飲之豈聖人之純於用乎抑草木之濟人取捨有時也自周以降及於國朝茶事竟陵子陸季疵言之詳矣然季疵以前稱

茗飲者必渾以烹之與夫瀹蔬而啜者無異也季疵始為經三卷由是分其源制其具教其造設其器命其煮飲之者除痟而去癘雖疾醫之不若也其為利也於人豈小哉余始得季疵書以為備矣後又獲其顧渚山記二篇其中多茶事後又太原溫從雲武威段碣之各補茶事十數節並存於方冊茶之事由周至今竟無纖遺矣昔晉杜育有荈賦季疵有茶歌余缺然于懷者謂有其具而不形于詩亦季疵之餘恨也遂

爲十詠寄天隨子

論建茶

宋羅大經

陸羽茶經裴汶茶述皆不載建品唐末然後北苑出焉宋朝開寶間始命造龍團以别庶品厥後丁晉公漕閩乃載之茶録蔡忠惠又造小龍團以進東坡詩云武夷溪邊粟粒芽前丁後蔡相寵加吾君所乏豈此物致養口體何陋邪茶之爲物滌昏雪滯於務學勤政未必無助其與進荔枝桃花者不同然充類至義則亦宦官宫

妾之愛君也忠惠直道高名與范歐相並而進茶一事乃儕晉公君子之舉措可不謹哉

論茶

宋蘇軾

除煩去膩世固不可無茶然暗中損人不少昔云自茗飲盛後人多患氣不患黃雖損益相半而消陽助陰不償損也吾有一法當自修之每食已輒以濃茶漱口煩膩既去而脾胃不凡肉之在齒間者得茶漱滌不覺脫去不煩刺挑而齒性便苦緣此漸堅密蠹病自已然率用中下

茶其上者亦不常有間數日一啜亦不爲害

北苑御泉亭記　宋丘荷

夫珠璣珣玗龜龍四靈珍寶之殊特蜚游之至瑞布諸載籍非可遽數至于水草之奇金芝之醴泉之類而一時之焜燿祥經之攸記若廼蘊堪輿之真粹占土石之秀脉自然之應可以奉乎至尊而能悠永者則有聖宋南方之貢茶禁泉焉爾雅釋木曰檟苦荼說者以爲早採者爲荼晚采者爲茗荈蜀人名之苦荼而許叔重亦云

由是知茶者自古有之兩漢雖無聞魏晉以下或著于錄迄後天下郡國所產愈益衆百姓頗蒙其利唐建中中趙贊抗言舉行天下茶什一稅之於是縣官始斡焉然或不名地理息耗所在先儒所志岷蜀勾吳南粵舉有而閩中不言建安獨次候官栢巖云唐季勑福建罷贄橄欖但供臘面茶按所謂栢巖今無稱焉即臘面產於建安明矣且今俗號猶然蓋先儒失其傳耳不爾識會有所未盡遊玩之所不至也抑山澤

之精神祇之靈五代相以摘造尚矣而其味弗振者得非以其德之無加乎國朝龍興惠風醇化率被人面九府庭貢歲時輻湊而閩荐寢以珍異太平興國中遂置龍鳳模以表其嘉應而别於他所也先是鄉老傳其山形謂若張翼飛者故名之曰鳳凰山山麓有泉直鳳之口郎以其山名名之蓋建之產茶地以百數而鳳凰山孳峅常先月餘日其左右澗濫交併不越丈尺而鳳凰穴獨甘美有殊及茶用是泉齊和益以

無類識者遂爲章程第其製羞御者而以太平
興國故事更曰龍鳳泉龍鳳泉當所汲或曰百
斛亡減工罷主者封莞逮期而閟亦亡餘異哉
所謂山澤之精神祇之靈感于有德者不特於
茶蓋泉亦有之故曰有南方之貢茶禁泉焉泉
所舊有亭宇歷歲彌久風雨弗蔽臣子攸職懷
不暇安遂命工度材易之以其非品庶所得擅
用故名曰御泉亭因論次陸羽等所關及釆者
舊傳聞實錄存之以諭來者庶其知聖德之至

厰貢之美若此景祐三年丙子七月五日朝奉郎試大理司直兼監察御史權南劍州軍事判官監建州造買納茶務丘荷記

御茶園記

元趙孟熧

武夷仙山也岩壑奇秀靈芽茁焉世稱石乳厰品不在北苑下然以地嗇其產弗及貢至元十四年今浙江省平章高公興以戎事入閩越三年道出崇安有以石乳餉者公美芹思獻謀始于冲祐道士摘焙作貢越三載更以縣官涖之

大德己亥公之子久住奉御以督造寔來竟事
還朝越三年出為邵武路總管建邵接軫上命
使就領其事是春馳驛詣焙所祇伏厥職不懈
益虔省委張璧克相其事明年創焙局于陳氏
希賀堂之故址其地當溪之四曲峰巑岫列盡
鑑奇勝而邦人相役翕然子來爰即其中作拜
發殿六楹跂翼翬飛丹堊焜燿夾以兩廡製作
之具陳焉而又前闢公庭外峙高閣旁搆列舍
三十餘間脩垣繚之規制詳縝逾月而事成爰

自修貢以來靈草有知日入榮茂初貢僅二十斤採摘戶才八十星絕載周歲有增益至是定簽茶戶二百五十貢茶以斤計者視戶之百與十各羸其一焉餘倣此焙之製爲龍鳳團五千製法必得美泉而焙所土騂剛泉弗竇俄而殿居兩石間迸湧澄泓視鳳泉尤甘冽見者驚異因甃以甓亭其上而下者鑿石爲龍口吐而注之也用以溲浮芳味深甽蓋斯焙之建經始于是年三月乙丑以四月甲子落成之時邵武路

提控案牘省委張壁復爲崇安縣尹孫瑀董其役而恪共貢事則建寧總管王鼎崇安縣達魯花赤與有力焉既承差穀協恭拜稽緘匙馳進闕下自是歲以爲常欽惟聖朝統一區宇乾清坤夷德澤有施洽于庶類而平章公肇脩底貢父作子述忠孝之美萃于一門和氣薰蒸精誠感格於是金芽先春瑞侔朱草玉漿噴地應若醴泉以山川草木之效珍見天地君臣之合德則雖器幣貨財殫禹貢風土之宜盡周官邦國

之用而蕃蔓備其休證滂流兆其禎祥蔑以尚于此矣建人士以爲北苑經數百年之後此始出於武夷僅十餘里之間厥產孱豐于北苑殊常盛事曠代奇逢是宜刻石茲山永觀無斁爰示興創顛末俾孟熧受而祗簡畢焉孟熧不得辭是用比叙大槩出以授之庶幾彰聖世無疆之休垂明公無窮之聞且使嗣是而共歲事者益加敬而增美云

重修茶場記

元張渙

建州茶貢先是猶稱北苑龍團居上品而武夷石乳湮岩谷間風味惟野人專焉聖朝始登職方任土列瑞產蒙雨露寵日蕃衍繇是歲增貢額設場官二人領茶丁二百五十茶園百有二所芟辟封培視前益加斯焙遂與北苑等然靈芽含石姿而鋒勁帶雲氣而粟腴色碧而瑩味飴而芳採擷清明旬日間馳驛進第一春謂之五馬薦新茶視龍團風在下矣是貢由平章高公平江南歸覲而獻未遜蔡丁專美邵武總管

克繼先志父子懷忠一軌謂王食重事也非殿
宇壯麗無以竦民望故斯焙建置規模宏偉氣
象軒豁有以肅臣子事上之禮歷二十有六載
有葺張侯端本爲斯邑宰修貢明年周視桷榱
桁梳有外澤中腐者黝堊丹雘有漶漫者尨盖
有穿漏者悉以新易故圖永永久復於塲之外
左右建二門榜以茶塲使過者不敢褻焉于來
督貢未幾本道憲僉李羅蘭坡與書吏張如愚
宋德延俱詢諏道經視貢顧瞻棟宇完美如新

俾識歲月且揭產茶之地示後人尋承命不敢辭迺述其顛末之槩竊謂天下事無巨細不難於始而難乎其繼苟非力量弘毅事理通貫鮮不為繁劇而空疎悉置之因仍苟且而已張侯仕學兩優事之巨與細莫不就綜理是役也費無縻官傭無厲民不亦敏乎事圖其早而力省弊防其微而慮遠不亦明乎凡為仕者皆能視官如家一日必葺則斯焙常新可與溪山同其悠久來者其視斯刻以勸

喊山臺記　元　暗都剌

武夷產茶每歲修貢所以奉上也地有主宰祭祀得所所以妥靈也建爲繁劇之郡牧守久闕事務往往廢曠邇者余以資德大夫前尚書省左丞忻都嫡嗣前受中憲大夫福建道宣慰副使僉都元帥府事茲膺宣命來牧是邦視事以來謹恪邇職惟恐弗稱茲春之仲率府吏段以德躬詣武夷茶場督製茶品驚蟄喊山循彝典也舊於修貢正殿所設御座之前陳列牲牢祀

神行禮甚非所宜廼進崇安縣尹張端本等而諗之曰事有不便則人心不安而神亦不享今欲改弦而更張之何如衆皆曰然廼於東皇茶園之隙地築建壇墠以爲祭祀之所庶民子來不日而成臺高五尺方一丈六尺亭其上環以欄楯植以花木左大溪右通衢金鷄之岩聳其前大隱之屏擁其後棟甍翬飛基址壯固斯亭之成斯祀之安可以與武夷相爲長久俾修貢之典永爲成規人神俱喜顧不偉歟

武夷茶考　　明徐𤊹

按茶錄諸書閩中所產茶以建安北苑第一壑源諸處次之而武夷之名宋季未有聞也然范文正公鬭茶歌云溪邊奇茗冠天下武夷仙人從古栽蘇子瞻詩亦云武夷溪邊粟粒芽前丁後蔡相寵加則武夷之茶在前宋亦有知之者第未盛耳元大德間淛江行省平章高興始採製充貢創闢御茶園于四曲建第一春殿清神堂焙芳浮光燕嘉宜寂四亭門曰仁風井曰通

仙橋曰碧雲　國朝寢廢爲民居惟喊山臺泉亭故址猶存喊山者每當仲春驚蟄日縣官詣茶場致祭畢隸卒鳴金擊鼓同聲喊曰茶發芽而井水漸滿造茶畢水遂渾涸而茶戶採造有先春探春次春三品又有旗槍石乳諸品色香味不減北苑　國初罷團餅之貢而額貢每歲茶芽九百九十斤凡四品嘉靖三十六年郡守錢璞奏免解茶將歲編茶夫銀二百兩解府造辦解京而御茶改貢延平而茶園鞠爲茂草井

水亦日湮塞然山中土氣宜茶環九曲之內不
下數百家皆以種茶爲業歲所產數十萬斤水
浮陸轉鬻之四方而武夷之名甲于海內矣宋
元製造團餅稍失真味今則靈芽仙萼香色尤
清爲閩中第一至于北苑壑源又泯然無稱豈
山川靈秀之氣造物生植之美或有時變易而
然乎

賦類

茶賦　宋吳淑

鬥者也或者又曰寒中瘠氣莫盛於茶或濟之
鹽勾賊破家滑竅走水又况鷄蘇之與胡麻涪
翁於是酌岐雷之醪醴參伊聖之湯液斮附子
如博投以熬葛仙之堊去藙而用鹽去橘而用
薑不奪茗味而佐以草石之良所以固太倉而
堅作疆於是有胡桃松實菴摩鴨脚敦賀蘼蕪
水蘇甘菊旣加臭味亦厚賓客前四後四各用
其一少則美多則惡發揮其精神又益於咀嚼
蓋大匠無可棄之才太平非一士之略廞祠貪

味雋永速化湯餅乃至中夜不眠耿耿既作溫
齊殊可屢歃如以六經濟三尺法雖有除治與
人安樂賓至則煎去則就榻不遊軒后之華胥
則化莊周之蝴蝶

南有嘉茗賦　宋梅堯臣

南有山原兮不鑿不營乃產嘉茗兮囂此衆甿
土膏脉動兮雷始發聲萬木之氣未通兮此已
吐乎纖萌一之日雀舌露掇而製之以奉乎王
庭二之日鳥喙長擷而焙之以備乎公卿三之

日槍旗聳搴而炕之將求乎利嬴四之日嫩莖茂團而範之來充乎賦征當此時也女廢蠶織男廢農畊夜不得息晝不得停取之由一葉而至一掬輸之若百谷之赴巨溟華夷蠻貊固日飲而無厭富貴貧賤匪時啜而不寧所以小民冒險而競鬻孰謂峻法之與嚴刑嗚呼古者聖人爲之絲枲絺綌而民始衣播之禾麰菽粟而民不饑畜之牛羊犬豕而甘脆不遺調之辛酸鹹苦而五味適宜造之酒醴而宴饗之樹之果

蔬而薦羞之於茲可謂備矣何彼茗無一勝焉而競進于今之時抑非近世之人體惰不勤飽食粱肉坐以生疾藉以靈荈而消腑胃之宿陳若然則斯茗也不得不謂之無益于爾身無功于爾民也哉

茶集卷之一終

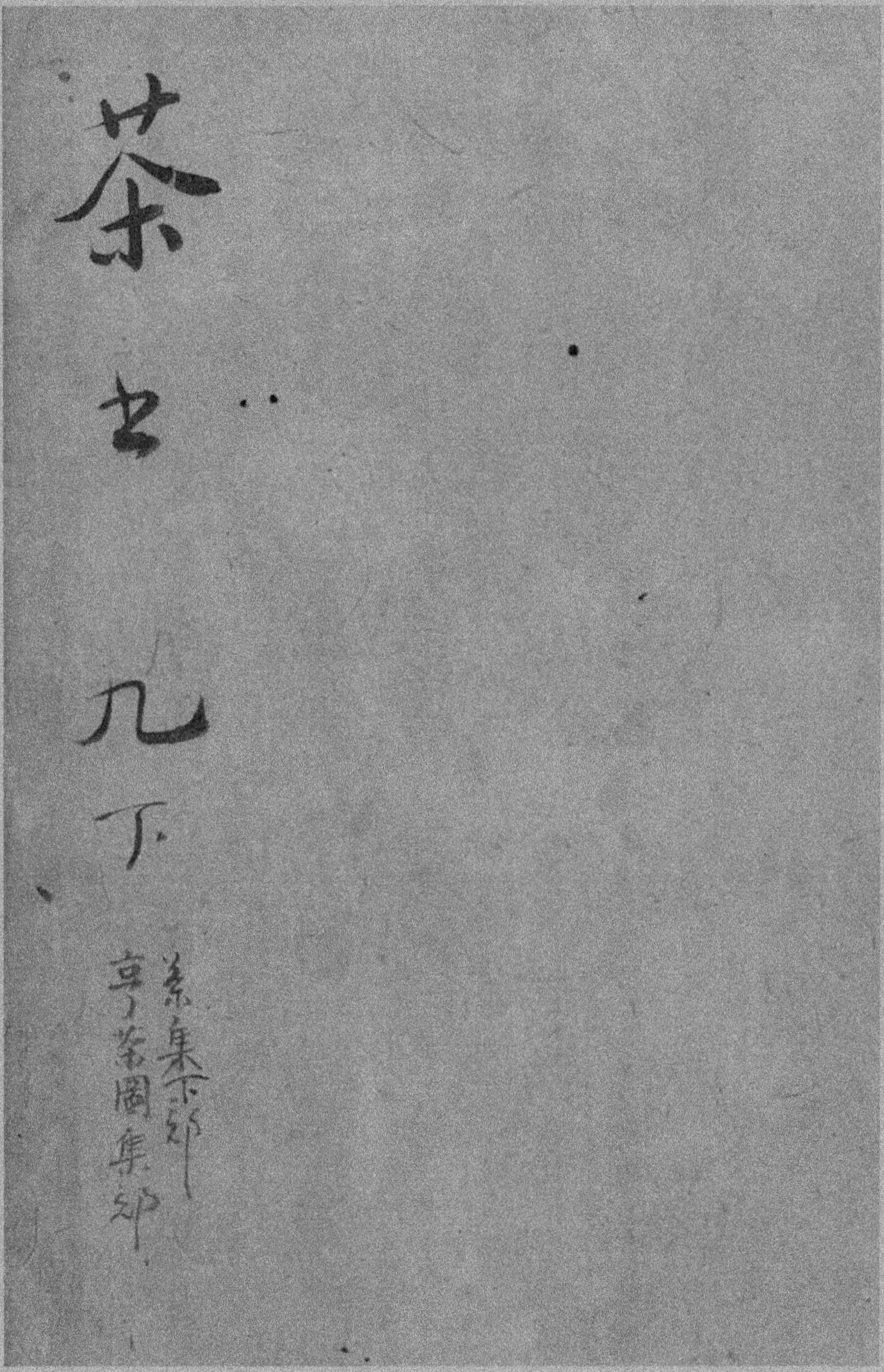

茶史

九下

系集下卯

亭茶閣集卯

茶集卷之二

明南昌喻政選輯

詩類

六羨歌　　唐陸羽

不羨黄金罍不羨白玉盃不羨朝入省不羨暮入臺千羨萬羨西江水流向竟陵城下來

走筆謝孟諫議寄新茶　　唐盧仝

日高丈五睡正濃軍將扣門驚周公口傳諫議送書信白絹斜封三道印開緘宛見諫議面手

閱月團三百片聞道新年入山裏蟄蟲驚動春風起天子須嘗陽羨茶百草不敢先開花仁風暗結珠蓓蕾先春抽出黃金芽摘鮮焙芳旋封裹至精至好且不奢至尊之餘合王公何事便到山人家柴門反關無俗客紗帽籠頭自煎吃碧雲引風吹不斷白花浮光凝碗面一碗喉吻潤二碗破孤悶三碗搜枯腸惟有文字五千卷四碗發輕汗平生不平事盡向毛孔散五碗肌骨清六碗通仙靈七碗吃不得也唯覺兩腋習

習清風生蓬萊山在何處玉川子乘此清風欲歸去山上群仙司下土地位清高隔風雨安知百萬億蒼生命墜顛崖受辛苦便從諫議問蒼生到頭合得蘇息否

試茶歌　唐劉禹錫

山僧後簷茶數叢春來映竹抽新茸宛然為客振衣起自傍芳叢摘鷹嘴斯須炒成滿室香便酌砌下金沙水驟雨新聲入鼎來白雲滿盌花徘徊悠揚噴鼻宿酲散清峭徹骨煩襟開陽崖

陰嶺各殊氣未若竹下莓苔地炎帝雖嘗不解
煎桐君有錄那知味新芽連拳半未舒自摘至
煎俄頃餘木蘭墮露香微似瑤草臨波色不如
僧言靈味宜幽寂采采翹英爲嘉客不辭緘封
寄郡齋甎井銅鑪損標格何況蒙山顧渚春白
泥赤印走風塵欲知花乳清泠味須是眠雲跂
石人

答族姪僧中孚贈仙人掌茶　唐李白

嘗聞玉泉山山洞多乳窟仙鼠如白鵶倒懸深

溪月茗生此中石玉泉流不歇根柯洒芳津采
服潤肌骨叢老采綠葉枝枝相接連曝成仙人
掌似拍洪崖肩舉世未見之其名定誰傳宗英
乃禪伯投贈有佳篇清鏡燭無鹽顧慙西子妍
朝坐有餘興長吟播諸天

送陸羽採茶　唐皇甫曾

千峰待逋客香茗復叢生採摘知深處煙霞羨
獨行幽期山寺遠野飯石泉清寂寂燃燈夜相
思磬一聲

美人嘗茶行　唐崔珏

雲鬟枕落困泥春玉郎爲碾瑟瑟塵閑教鸚鵡
啄窻請和嬌扶起濃睡人銀瓶貯泉水一掬松
雨聲來乳花熟朱唇啜破綠雲時咽入香喉爽
紅玉明眸漸開横秋水手撥絲簧醉心起移時
却坐推金箏不語思量夢中事

飲茶歌誚崔石使君　唐釋皎然

越人遺我剡溪茗採得金芽爨金鼎素瓷雪色
飄沫香何似諸仙瓊蘂漿一飲滌昏寐情思爽

朗滿天地再飲清我神忽如飛雨灑輕塵三飲
便得道何須苦心破煩惱此物清高世莫知世
人飲酒徒自欺好看畢卓甕間夜笑向陶潛籬
下時崔侯啜之意不已狂歌一曲驚人耳孰知
茶道全爾真唯有丹丘得如此

飲茶歌送鄭客

丹丘羽人輕玉食採茶飲之生羽翼名藏仙府
世莫知骨化雲宮人不識雪山童子調金鐺楚
人茶經虛得名霜天半夜芳草折爛熳緗花啜

又生常說此茶袪我疾使人胷中蕩憂慄日上
香爐情未畢亂踏虎溪雲高歌送君出

採茶歌 一作紫筍茶歌　唐秦韜玉

天柱香芽露香發爛研瑟瑟穿荻篾太守憐才
寄野人山童碾破團圓月倚雲便酌泉聲煮獸
炭潛然蚌珠吐看着晴天早日明鼎中颯颯篩
風雨老翠香塵下纔熟攪時繞筯天雲綠䫉書
病酒兩多情坐對閩甌睡先足洗我胷中幽思
清鬼神應愁歌欲成

茶塢　　唐皮日休

閑尋堯氏山遂入深深塢種荈已成園栽葭寧記畝石窪泉似掬巖罅雲如縷好是夏初時白花滿烟雨茶經云其花白如薔薇

茶人

生於顧渚山老在漫石塢語氣爲茶荈衣香是煙霧庭從𣚍子遮女耿反其木如玉色渚人以爲杖果任獳師虜日晩相笑歸腰間佩輕簍

茶筍

厭然三五寸生必依巖洞寒恐結紅鉛暖疑銷
紫汞圓如玉軸光脆似瓊英湅每爲遇之踈南
山挂幽夢

茶籯

筤篣曉攜去驀個山桑塢開時送紫茗負處沾
淸露歇把傍雲泉歸將挂煙樹滿此是生涯黄
金何足數

茶舍

陽崖枕白屋幾口嬉嬉活棚上汲紅泉焙前蒸

紫蕨乃翁研茗後中婦拍茶歇相向掩柴扉清香滿山月

茶竈

南山茶事動竈起巖根傍水煮石髮氣薪然杉脂香青瓊蒸後凝綠髓炊來光如何重辛苦一一輸膏粱

茶焙

鑿彼碧巖下恰應深二尺泥易帶雲根燒難礙石脉初能燥金餅漸見乾瓊液九里共杉林皆

名相望在山側

茶鼎

龍舒有良匠鑄此佳樣成立作菌蠢勢煎爲潺湲聲草堂暮雲陰松窗殘雪明此時勺複茗野語知逾清

茶甌

邢客與越人皆能造兹器圓似月魂墮輕如雲魄起棗花勢旋眼蘋沫香沾齒松下時一看支公亦如此

煮茶

香泉一合乳煎作連珠沸時看蟹目濺乍見魚鱗起聲疑帶松雨餑恐生煙翠儻把瀝中山必無千日醉

茶塢　唐陸龜蒙

茗地曲隈回野行多繚繞向陽就中密背澗差還少遙盤雲髻慢亂簇香篝小何處好幽期滿巖春露曉

茶人

天賦識靈草自然鍾野姿閒來北山下似與東
風期雨後探芳去雲間幽路危唯應報春鳥得
共斯人知（顧渚山有報春鳥）

茶筍

所孕和氣深時抽玉茗短輕煙漸結華嫩蕊初
成管尋來青靄曙欲去紅雲暖秀色自難逢傾
筐不曾滿

茶籝

金刀劈翠筠織似波文斜製作自野老攜持伴

山娃昨日鬬煙粒今朝貯綠華爭歌調笑曲日暮方還家

茶舍

旋取山上材架爲山下屋門因水勢斜壁任巖隈曲朝隨鳥俱散暮與雲同宿不憚採掇勞秖憂官未足

茶竈

無突抱輕嵐有煙映初旭盈鍋玉泉沸滿甑雲芽熟奇香襲春桂嫩色凌秋菊煬者若吾徒年

年看不足

茶焙

左右擣凝膏朝昏布煙縷方圓隨樣拍次第依層取山謠縱高下火候還文武見說焙前人時時多花脯紫花焙人以花爲脯

茶鼎

新泉氣味良古鐵形狀醜那堪風雪夜更値煙霞友曾過頳石下又住清溪口頳石清溪皆江南山茶處且共薦臯盧茶名何勞傾斗酒

茶甌

昔人謝塸埞徒爲妍詞餙劉孝威集有謝塸埞啓豈如珪璧姿又有烟嵐色光參筠席上韻雅金罍側直使于闐君從來未嘗識

煮茶

閒來松間坐看煮松上雪時於浪花裏併下蘭英末傾餘精爽健忽似氛埃滅不合别觀書但宜窺玉札

乞錢穆父新賜龍團

宋張耒

閩侯貢璧琢蒼玉中有掉尾寒潭龍驚雷作春山不覺走馬獻入明光宮瑶池侍臣敢先賜惠山乳泉新破封可得作詩酬孟簡不須載酒過楊雄

鬬茶歌 宋范仲淹

年年春自東南來建溪先煖氷微開溪邊奇茗冠天下武夷仙人從古栽新雷昨夜發何處家家嬉笑穿雲去露芽錯落一番榮綴玉含珠散嘉樹終朝採掇未盈襜惟求精粹不敢貪研膏

焙乳有雅製方中圭兮圓中蟾北苑將期獻天子林下雄豪先鬭美鼎磨雲外首山銅瓶携江上中濡水黃金碾畔綠雲飛碧玉甌中翠濤起鬭茶味兮輕醍醐鬭茶香兮薄蘭芷其間品第胡能欺十目視而十手指勝若登仙不可攀輸同降將無窮恥吁嗟天產石上英論功不愧階前蓂衆人之濁我獨清千人之醉我獨醒屈原試與招魂魄劉伶却得聞雷霆盧仝敢不歌陸羽須作經森然萬象中焉知無茶星商山丈人

休茹芝之首陽先生休採薇長安酒價減千萬成都藥市無光輝不如仙山一啜好泠然便欲乘風飛君莫羨花間女郎只鬬草贏得珠璣滿斗歸

茶壠　　宋蔡襄

造化曾無私亦有意所加夜雨作春力朝雲護日車千萬碧玉枝戢戢抽靈芽

採茶

春衫逐紅旗散入青林下陰崖喜先至新苗漸

盈把競攜筠籠歸更帶山雲瀉

造茶

屑玉寸陰間摶金新範裏規呈月正圓勢動龍

初起出焙色香全爭誇火候是

試茶

兔毫紫甌新蟹眼清泉煮雪凍作成花雲閑未

垂纏顧爾池中波去作人間雨

葉紆貺建茶　　宋司馬光

閩山草木未全春破額真茶采擷新雅意不忘

同臭味先分疇昔桂堂人

雙井茶寄景仁

春睡無端巧逐人驅訶不去苦相親欲憑洪井眞茶力試遣刀圭報谷神

觀陸羽茶井　宋王禹偁

甃石封苔百尺深試茶滋味少知音惟餘半夜泉中月留得先生一片心

嘗新茶呈聖俞　宋歐陽脩

建安三千五百里京師三月嘗新茶人情好先

務取勝百物貴早相矜誇年窮臘盡春欲動蟄雷未起驅龍蛇夜聞擊鼓滿山谷千人助叫聲喊呀萬木寒疑睡不醒惟有此樹先萌芽乃知此爲最靈物宜其獨得天地之英華終朝採摘不盈掬通犀銙小圓復窊鄙哉穀雨槍與旗多不足貴如刈麻建安太守急寄我香蒻包裹封題斜泉甘器潔天色好坐中揀擇客亦嘉新香嫩色如始造不似來遠從天涯停匙側盞試水路拭目向空看乳花可憐俗夫把金錠猛火炙

背如蝦蟇由來真物有真賞坐逢詩老頻咨嗟
須臾共起索酒飲何異奏雅終淫哇

次韻再作

吾年向老世味薄所好未衰惟飲茶建溪苦遠
雖不到自少嘗見閩人誇每嗤江浙凡茗草叢
生狼藉惟藏虵今江淛茶園俗芽多虵豈如含膏入香作
金餅蜿蜒兩龍戲以呀其餘品第亦奇絕愈小
愈精皆露芽泛之白花如粉乳乍見紫面生光
華手持心愛不欲碾有類弄印幾成窊論功可

以療百疾輕身久服勝胡麻我謂斯言頗過矣其實最能驅睡邪茶官貢餘偶分寄地遠物新來意嘉親烹屢酌不知厭自謂此樂真無涯未言久食成手顫已覺疾病生眼花客遭水厄疲捧碗口吻無異餓月暮僮奴傍視疑復咲嗜好乖僻誠堪嗟更蒙酬句怪可駭兒曹助噪聲哇哇

雙井茶

西江水清江石老石上生茶如鳳爪窮臘不寒

春氣早雙井芽生先百草白毛囊似紅碧紗十
斤茶養一兩芽長安富貴五侯家一啜猶須三
日誇寶雲日注非不精爭新棄舊世人情豈知
君子有常德至寶不隨時變易君不見建溪龍
鳳團不改當時香味色

送茶與許道人

潁陽道士青霞客來似浮雲去無迹夜朝北斗
太清壇不道姓名人不識我有龍團古蒼壁九
龍泉深一百尺憑君汲井試烹之不是人間香

味色

宋著作寄鳳茶　宋梅堯臣

春雷未出地南土物尚凍呼譟助發生萌穎強

抽共團爲蒼玉璧隱起雙飛鳳獨應近臣頒豈

得常寮共顧兹寔賤貧何以叨贈貢石碾破微

緑山泉貯寒洞味餘喉舌乾色薄牛馬湩陸氏

經不經周公夢不夢雲脚世所珍鳥觜誇仍衆

常常濫杯甌草草盈罌甕寧知有奇品圭角百

金中祕惜誰可遺虛齋對禽哢

建溪新茗

南國溪陰暖先春發茗芽采從青竹籠蒸自白雲家粟粒烹甌起龍文御餅加過茲安得比顧渚不須誇

謝人惠茶

山上巳驚溪上雷火前那及兩旗開采芽幾日始能就碾月一甖初寄來以酪為奴名價重將雲比腳味甘迴更勞誰致中冷水无復顏生不解杯

答建州沈屯田寄新茶

春芽研白膏夜火焙紫餅價與黃金齊包開青蒻整碾爲玉色塵遠汲蘆底井一啜同醉翁思君聊引領

王仲儀寄鬬茶

白乳葉家春銖兩直錢萬資之石泉味特以陽芽嫩宜言難購多串片大可寸謬爲識别人予生固無恨

李仲求寄建溪洪井茶七品

忽有西山使始遺七品茶末品無水暈六品無沉祖五品散雲脚四品浮粟花三品若瓊乳二品罕所加絶品不可議甘香焉等差一日嘗一甌六腑無昏邪夜沈不得寐月樹聞啼鴂憂來惟覺衰可驗惟齒牙動摇有三四妨咀連左車鬓亦足驚疎疎點霜華乃思平生遊但恨江路賒安得一見之煮泉相與誇

吳正仲遺新茶

十片建溪春乾雲碾作塵天王初受貢楚客

烹新漏泄關山吏悲哀草土臣捧之何敢啜聊
跪北堂親

嘗茶

都藍携具向都堂碾破雲團北焙香湯嫩水輕
花不散口甘神爽味偏長莫誇李白仙人掌且
作盧仝走筆章亦欲清風生兩腋從教吹去月
輪傍

呂晉叔著作遺新茶

四葉及王游共家原坂嶺歲摘建溪春爭先取

晴景大窠有壯液所發必奇穎一朝團焙成價
與黃金逞呂侯得鄉人分贈我已幸其贈幾何
多六色十五餅每餅包青蒻紅纖纏素縻屑之
雲雪輕啜已神魂醒會待佳客來侑談當畫示

寄茶與王和甫平甫　宋王安石

綵絳縫囊海上舟月團蒼潤紫烟浮集英殿裏
春風晚分到并門想麥秋
碧月團團墮九天封題寄與洛中仙石樓試水
宜頻啜金谷看花莫漫煎

茶園十二韻　　宋王禹偁

勤王修歲貢晚駕過郊原蔽芾餘千本青葱共一園芽新撑老葉新芽之上去年舊葉尚在土軟迸深根舌小侔黃雀毛獰摘綠猿出蒸香更别入焙火微溫採近桐華節生無穀雨痕緘縢防遠道進獻趂頭番待破華胥夢先經閶闔門汲泉鳴玉甃開宴壓瑶罇茂育知天意甄收荷主恩沃心同直諫苦口類嘉言未復金鑾召年年奉至尊

謝人寄蒙頂新茶

蜀土茶稱盛蒙山味獨珍靈根託高頂勝地發
先春幾樹初驚暖群籃競摘新蒼條尋暗粒紫
萼落輕鱗的皪香瓊碎藍鬖綠蔓勻慢烘防熾
炭重碾敵輕塵無錫泉來蜀乾崤盞自秦十分
調雪粉一啜嚥雲津沃睡迷無鬼清吟健有神
冰霜疑入骨羽翼要騰身磊磊真賢宰堂堂作
主人玉川喉吻澁莫惜寄來頻

謝許判官惠茶圖茶詩

成圖畫茶器滿幅寫茶詩會說工全妙深諳句

特奇盡將爲遠贈留與作閑貧便覺新來癖渾

如陸季疵

古靈山試茶歌

宋陳襄

乳源淺淺交寒石松花墮粉愁無色明星玉女

跨神雲鬬剪輕羅縷殘碧我聞巒山二月春方

歸苦霧迷天新雪飛仙鼠潭邊蘭草齊露牙吸

盡香龍脂轆轤繩細井花暖香塵散碧琉璃椀

玉川冰骨照人寒瑟瑟祥風滿眼前紫屏冷落

沆水烟山月堂軒金鴨眠麻姑癡煮丹巒泉不
識人間有地仙

和東玉少卿謝春卿防禦新茗

常陪星使欵高牙三月欣逢試早茶綠編封來
溪上印紫甌浮出社前花休將潔白評雙井自
有清甘薦五華帥府詩翁真好事春團持作夜
光誇

寄獻新茶　宋曾鞏

種處地靈偏得日摘時春早未聞雷京師萬里

爭先到應得慈親手自開

方推官寄新茶

採摘東溪最上春壑源諸葉品尤新龍團貢罷
爭先得肯寄天涯主諾人

嘗新茶

麥粒收來品絕倫葵花製出樣爭新一杯永日
醒雙眼草木英華信有神

蹇蟠翁寄新茶

龍焙嘗茶第一人最憐溪岸兩旗新肯分方銙

醒衰思應恐慵眠過一春
貢時天上雙龍去鬬處人間一水爭分得餘甘
慰憔悴碾嘗終夜骨毛清

呂殿丞寄新茶

徧得朝陽借力催千金一銙過溪來曾坑貢後
春猶早海上先嘗第一杯

茶巖　宋羅願

巖下纔經昨夜雷風爐瓦鼎一時來便將槐火
煎巖溜聽作松風萬壑迴

煎茶歌

宋蘇軾

蟹眼已過魚眼生颼颼欲作松風鳴蒙茸出磨細珠落眩轉遶甌飛雪輕銀瓶瀉湯誇第一未識古人煎水意君不見昔時李生好客手自煎貴從活火發新泉又不見今時潞公煎茶學西蜀定州花甆琢紅玉我今貧病苦渴饑分無玉盌捧蛾眉且學公家作茗飲塼爐石銚行相隨不用撑腸拄腹文字五千卷但願一甌常及睡足日高時

錢安道寄惠建茶

我官于南今幾時甞盡溪茶與山茗胸中似記
古人面口不能言心自省爲君細説我未暇試
評其略差可聽建溪所產雖不同一一天與君
子性森然可愛不可慢骨清肉膩和且正雪花
雨脚何足道啜過始知眞味永縱復苦硬終可
錄汲黯少戇寬饒猛草茶無賴空有名高者妖
邪次頑獷體輕雖復強浮泛性滯偏工嘔酸冷
其間絶品豈不佳張禹縱賢非骨鯁葵花玉銙

不易致道路幽嶮隔雲嶺誰知使者來自西開
緘磊落有百餅嗅香嚼味本非別透紙自覺光
炯炯粃糠團鳳友小龍奴隸日鑄臣雙井收藏
愛惜待佳客不敢包裹鑽權倖此詩有味君勿
傳空使時人怒生癭

曹輔寄壑源試焙新茶

仙山靈雨濕行雲洗遍香肌粉未勻明月來投
玉川子清風吹破武林春要知冰雪心腸好不
是膏油首面新戲作小詩君一笑從來佳茗似

佳人

和子瞻煎茶　宋蘇轍

年來懶病百不堪未廢飲食求芳甘煎茶舊法出西蜀水聲火候猶能諳相傳煎茶只煎水茶性仍存偏有味君不見閩中茶品天下高傾身事茶不知勞又不見北方俚人茗飲無不有鹽酪椒薑誇滿口我今倦遊思故鄉不學南方與北方銅鐺得火蚯蚓叫匙脚旋轉秋螢光何時茅簷歸去炙背讀文字遣兒折取枯竹女煎湯

謝王烟之惠茶　　宋黄庭堅

平生心賞建溪春一丘風味極可人香包解盡寶帶銙黑面碾出明窓塵家園鷹爪改嘔冷官焙龍文常食陳於公歲取壑源足勿遣沙溪來亂真

雙井茶送子瞻

人間風日不到處天上玉堂森寶書想見東坡舊居士揮毫百斛瀉明珠我家江南摘雲腴落磑霏霏雪不如爲公喚起黄州夢獨載扁舟向

五湖

烹茶懷子瞻

閶門井不落第二竟陵谷簾定誤書思公煮茗共湯粤甄剅窾生魚眼珠罝身九州之上腴爭名焰中沃焚如但恐次山胸磊塊終便平聲酒舫石魚湖

謝公擇舅分賜茶

外家新賜蒼龍璧北焙風烟天上來明日蓬山破寒月先甘和夢聽春雷

謝人惠茶

一規蒼玉琢蜿蜒藉有佳人錦段鮮莫笑持歸
淮海去爲君重試大明泉

以潞公所惠揀芽送公擇

慶雲十六升龍餅國老元年密賜來披拂龍紋
射牛斗外家英鑒似張雷
赤囊歲上雙龍璧曾見前朝盛事來想得天香
隨御所延春閣道轉輕雷
風爐小鼎不須催魚眼長隨蟹眼來深注寒泉

收第一亦防枵腹瀑乾雷

許少卿寄卧龍山茶　宋趙抃

越芽遠寄入都時酬倡珍誇互見詩紫玉叢中觀雨脚翠峰頂上摘雲旗啜多思爽都忘寐吟苦更長了不知想到明年公進用卧龍春色自遲遲

茶甆湯候　宋李南星

砌蟲唧唧萬蟬催忽有千車捆載來聽得松風并澗水急呼縹色綠甆杯

朔齋惠龍焙新茗用鐵壁堂韻

宋 林希逸

天公時放火前芽勝似優曇一度花修貢暫煩鐵壁老多情分到玉山家帝疇使事催班近僕守詩窮任鬢華八椀能令風兩腋底須飡菊飯胡麻

謝吳帥分惠乃弟所寄廬山新茗次吳帥韻

五老峯前草自靈若爲封裹入南閩錦囊裹有句

知難弟玉帳多情寄野人雲腳似浮廬瀑雪水
痕堪鬭建溪春龍團拜賜前身夢得此亭嘗勝
食珍

留龍居士試建茶既去輒分送并頌寄之

宋陳淵

未下鈴鎚墨如漆已入篩羅白如雪從來黑白
不相融吸盡方知了無别老龍過我睡初醒爲
破雲腴同一啜舌根回味只自知放盞相看欲
何說

和向和卿嘗茶

俗子醉紅裠氈軍敗人意花甕烹月團此樂天不畀諸公各英姿淡薄得真味聊為下季隱不替江湖思輕雲落杯醆飛雪灑腸胃笑談出氷玉毫末視鼎貴我作月旦評全勝家置喙傳聞茶後詩便得古人配誰能三百餅一洗玉川睥御風歸蓬萊高論驚兒輩

次魯直烹密雲龍韻　　宋黃裳

密雲晚出小團塊雖得一餅猶為豐相對出亭

致清話十三同事皆詩翁蒼龍碾下想化去但見白雲生碧空雨前含蓄氣未散乃知天貺誰能同不足數啜有餘與兩腋欲跨清都風豈與凡羽誇雕籠雙井主人煎百椀費得家山能幾本

龍鳳茶寄照覺禪

有物吞食月輪盡鳳翥龍驤紫光隱雨前已見纖雲從雪意猶在渾淪中忽帶天香墮吾籢自有同幹欣相逢寄向仙廬引飛瀑一簇蠅聲急

須腹急須東南之茶器禪翁初起宴坐間接見陶公方
解顏頤指長髯運金碾末白眉毛且須轉爲我
對啜甌高談亦使氣味起塵凡破悶通靈此何
取兩腋風生豈須御昔云木馬能嘶風今看茶
龍解行雨

謝人惠茶器并茶

三事文華出何處岩上含章挿煙霧曾被西風
吹異香飄落人寰月中度岩桂秋開有異香木理成文如相思木然
美材見器安所施六角靈犀用相副目下發緘

誰致勤愛竹山翁雲裏住遞命長鬚烹且煎一簇蠅聲急須吐每思北苑滑與甘嘗厭鄉人寄來苦試君所惠良可稱往往曾沾石坑雨不畏七椀鳴饑腸但覺清多𨚫炎暑幾時對話愛竹軒更引毫甌斲詩句

茶苑

莫道雨芽非北苑須知山脉是東溪旋燒石鼎供吟嘯容照岩中日未西

想見春來喊動山雨前收得幾籃還吝斤不落

幽人手且喜家園禁已開

乞茶

未終七椀似盧仝解鈐駸駸兩腋風北苑槍旗
應滿篋可能爲惠向詩翁

與諸友汲同樂泉烹黃蘗新茶

宋　謝　邁

尋山擬三飡放箸欣一飽汲泉渲銅鐺落磑碎
鷹爪長爲山中遊頗與世路拗矧此好古胷茗
椀得摟攬風生覺泠泠祛滯亦稍稍夜深可無

聽澄潭數參鼎

謝道原惠茗　　宋鄧肅

太丘官清百物無青衫半作蕉葉枯尚念故人
家四壁郤原春雪隨雙魚榴火雨餘烘滿院宿
酒攻人劇刀箭李白起觀仙人掌盧仝欲覿諫
議面龍笙已作魚眼從楊花傍碾輕隨風擊拂
共看三昧手白雲洞中騰玉龍堆胸磊落一洗
散乘風便欲欵天漢郤憐世士不偕來爲借干
將誅趙贊

煎茶　宋羅大經

松風檜雨到來初急引銅缾離竹爐待得聲聞俱寂後一甌春雪勝醍醐

分得春茶穀雨前白雲裹裡且鮮妍瓦缾旋汲三泉水紗帽籠頭手自煎

武夷茶　宋趙若槸

和氣滿六合靈芽生武夷人間渾未覺天上已先知

石乳沾餘潤雲根石髓流玉甌浮動處神入洞

天遊

武夷茶　宋白玉蟾

仙掌峰前仙子家客來活火煑新茶主人遥指青烟裏瀑布懸崖剪雪花

武夷茶　宋劉説道

靈芽得先春龍焙收奇芬進入蓬萊宮翠甌生白雲坡詩咏粟粒猶記少時聞

武夷茶竈　宋朱熹

仙翁遺石竈宛在水中央飲罷方舟去茶烟裊

細香

雲谷茶坂

携籃北嶺西采擷供茗飲一啜夜窓寒跏趺謝
衾枕

寄茶與曾吉甫　宋劉子翬

兩焙春風一膆隔玉尺銀槽分細色解苞難辨
邑中黔瀹盞方知天下白岸巾小啜横碧齋真
味從底傾輸來囊歸畀余一語妙三歳暗室驚
轟雷

建守送小春茶　宋王十朋

建安分送建溪春驚起松堂午夢人盧老書中才見面范公碾畔忽飛塵十篇北苑詩無敵兩腋清風思有神日鑄卧龍非不美賢如張禹想非眞坡詩云張禹縱賢非骨鯁謂草茶也

武夷茶　元丘富

烹茶人換世遺竈水中央千載公仍至茶成水亦香

武夷茶　元袁樞

摘茗蛻仙岩汲水潛虬穴旋然石上竈輕泛甌中雪清風已生腋芳味猶在舌何當擢孤舟來此分餘啜

武夷茶　　元陳夢庚

儘誇六碗便通靈得似仙山石乳清此水此茶須此竈無人肯詭與端明

御茶園　　元鄭主忠

御園此日焙新芳石乳何年已就荒應是山靈知獻納不將口體媚君王

北苑御茶園詩　元危徹孫

大德九年歲在乙巳暮春之初薄遊建溪陟鳳山觀北苑獲聞脩貢本末及茶品後先與夫製造器法名數輒成古詩一章敬紀其實

建溪之東鳳之嶼高軋羨山凌顧渚春風瑞草茁靈根數百年來修貢所每歲豐隆啓蟄時結蕾含珠綴芳糈探擷先春白雪芽雀舌輕纖相次吐露華厭浥□□□□□□森森日蕃蕪園夫采采及晨晞薄暮持來溢筐筥玉池藻井御泉

甘灌淪芬馨香浮釣釜槽床壓溜焙銀籠碧色金
光照窓戶仍稽舊制巧爲團錚錚月輾□□□
□□入臼偃檜棋白茶出匣疑鍾乳駢臻多品
各珍奇一一前陳粲旁午雕鏤物象妙工倕鉅
細圓方應規矩飛龍在版（大小龍版）間珠窠（大龍窠）盤
鳳棲碪便玉杵（鳳碪）萬壽龍芽自奮張（萬壽龍芽）萬春
鳳翼雙翔舞（宜年萬春）瑞雲宜兆見雲祥（瑞雲祥龍）密雲
應釀西郊雨（密雲小龍）娟娟玉葉綴芳叢（玉葉）粲粲金
錢出圜府（金錢）玄霙作雪散瑤華（雪英）綠葉屯雲紛

翠縷（雲葉）又看勝雪婀冰紈（龍團勝雪）更覩卿雲下琳宇（玉清慶雲）上苑報春梅破樠（上苑報春）南山應瑞芝之生礎（南山應瑞）寸金爲玦稱肇綽（寸金）橘玉成圭堪藉組（玉圭）葵心一點獨傾陽（蜀葵）花面齊開知向主（御苑）壽無可比比璇霄（無比壽芽）年孰爲宜宜寶聚（宜年寶玉）遡源何自肇嘉名歸美祈年義多取粤從禹貢著成書董茶僅賦周原膴爾來傳記幾千年未聞此貢繇南土唐宮臘面初見嘗汴都遣使遂作古高公端直國藎臣創述加詳刻詩譜迄今

語世相傳當日忠誠公自許聖朝六合慶同寅
草木山川爭媚嫵波南元帥渤海公摻討前模
闢荒圖象賢有子侍彤闈擁旆南轅輿百堵丹
楹黼座儼中居廣廈穹堂廓閎廡清瀅迎風洒
御園紅雲映日明花塢和氣常從勝境遊恍惝
能格明□與涵濡苞體倍芳鮮修治□□□□
楚穀羌舸率郡臣□緘題拜稽充庭旅驛騎高
□六尺駒□□遥通九關虎懸知玉食燕閒餘
雪花浮盌天爲舉臣子勤拳奉至尊一節真純

推萬緒□□聖主愛黎元常慮顛厓□□□朱
草抽埜醴出泉□□□□□報君父欲將此意質
端明□□□□□□□

索劉河泊貢餘茶　元藍靜之

河官暫託貢茶臣行李山中佳數旬萬指入雲
頻采綠千峰過雨自生春封題上品須天府收
拾餘芳寄野人老我空腸無一字清風兩腋願
輕身

謝人惠白露茶

武夷山裏謫仙人采得雲岩第一春竹竈烟輕香不變石泉火活味逾新東風樹老旗鎗盡白露芽生粟粟勻欲寫微微吟報嘉惠枯腸搜盡興空頻

索劉仲祥貢餘茶

春山一夜社前雷萬樹旗鎗渺渺開使者林中徵貢入野人日暮採芳回翠流石乳千峰迥香簇金芽五馬催報道盧仝酣晝寢扣門軍將幾時來

武夷茶　元林錫翁

百草逢春未敢花御茶蓓蕾拾瓊芽武夷直是神仙境已產靈芝更產茶

試武夷茶　元杜本

春從天上來噓拂通寰海納納此中藏萬斛珠蓓蕾

一徑入烟霞青葱渺四涯卧虹橋百尺寧羨玉川家

武夷先春　元蘇伯厚

采采金芽帶露新焙芳封褁貢丹扆山靈解識
尊君意土脉先回第一春

謝宜興吳大本寄茶　　明文徵明

小印輕囊遠寄遺故人珍重手親題煖含烟雨
開封潤翠展旗鎗出焙齊片月分明逢諫議春
風彷彿在荊溪松根自汲山泉煮一洗詩腸萬
斛泥

試吳大本所寄茶

醉思雪乳不能眠活火砂缾夜自煎白絹旋開

陽羨月竹符新調惠山泉地爐殘雪貧閣穀破
屋清風病玉川莫道年來塵滿腹小窓寒色已
醒然

○次夜會茶於家兄處

惠泉珍重著茶經出品旗槍自義興寒夜清談
思雪乳小爐活火煮溪氷生涯且復同兄弟口
腹深慚累友朋詩興攪人眠不得更呼童子起
燒燈

茶襍咏　　明徐熿

採採新芽鬬細工筐頭朝露尚蒙戎問渠何處
山泉活花底殘枝日正中
高梳殘書小石床偶來新味競芬芳盈盈七碗
渾閒事直入窮搜最苦腸
梅花落盡野花攢惟底春工儘放寬嫩舌茸茸
起香處逼人風味又成團
新爐活火謾烹煎更是江心第一泉鶴夢未醒
香未燼黃庭纔罷問先天
望望村西憶晚晴曉來應有日華清新筐莫放

連朝歇怕有旗鎗弄化生

春巖到處總含香細採徐徐自滿筐防却枝頭
有新刺莫教纖筍暗中傷

歲歲春深穀雨忙小姑今日試新粧道來昨夜
成佳夢天子新嘗第一筐

大姑回頭問小姑郎歸夜夜讀書無竹爐莫放
灰教冷聞說詩腸好潤枯

聞寂空堂坐此身山家初獻滿筐春爐邊細細
吹烟火莫使翩躚驚避人

竹爐蟹眼薦新嘗含忍苦從敎愈有香我亦有香
還有苦儘令湯火更何妨

醉茶軒歌為詹翰林作　明王世貞

糟丘欲頹酒池涸嵇家小兒厭狂藥自言欲絕
歡伯交亦不願受華胥樂陸郎手著茶七經却
薦此物甘沈冥先焙顧渚之紫筍次及楊子之
中泠徐聞蟹眼吐清響陡覺雀舌流芳馨定州
紅甆玉堪妬釀作蒙山頂頭露已令學士誇党
家復遣嬌娃字紈素一杯一杯殊未已狂來忽

鞭玄鶴起七碗初移糟粕腸五絃更淨琵琶耳
吾宗舊事君記無此醉轉覺知音孤朝賢處處
罵水厄傖父時時呼酪奴酒耶茶耶俱我友醉
更名茶醒名酒一身原是太和鄉莫放真空落
凡有

茶洞　　明陳省

寒岩摘耳石崚嶒下有烟霞氣鬱蒸聞道向來
嘗選御而今秪供五湖僧
四山環繞似崇墉烟霧絪縕鎮日濃中產仙茶

稱極品天池那得比芳茸

御茶園

閩南瑞草最稱茶製自君謨味更佳一寸野芹猶可獻御園茶不入官家

先代龍團貢帝都甘泉仙茗苦相須自從獻御移延水任與人間作室廬（茶今改延平進貢）

茶歌　　明胡文煥

醉翁朝起不成立東風無情吹鬢急小舟撐向錫山來野鷺閒鷗相對集呼童旋把二泉汲尾

瓶津津雲氣濕自從分得虎丘芽到此燃松自煎喫莫言七碗喫不得長鯨猶將百川吸我今安知非盧仝秖恐盧仝未相及豈但自解宿酒醒要使蒼生盡蘇息君莫學前丁後蔡相鬬貢忘却蒼生無米粒

龍井茶歌　明　屠隆

山通海眼蟠龍脉神物蜿蜒此真宅飛流噴沫走白虹萬古靈源長不息琮琤時諧琴筑聲澄泓冷浸玻瓈色令人對此清心魂一啜如飲甘

露液吾聞龍女參靈山豈是如來八功德此山秀結復產茶穀雨霢霂抽仙芽香勝栴檀華藏界味同沆瀣上清家雀舌龍團亦浪說顧渚陽羨競須誇摘來片片通靈竅啜處泠泠沁齒牙玉川何妨盡七碗趙州借此演三車采取龍井茶還烹龍井水文武并將火候傳調停暗取金丹理茶經水品兩足佳可惜陸羽未會此山人酒後酣鑿鐘陶然萬事歸虛空一杯入口宿酲解耳畔颯颯來松風即此便是清涼國誰同飲

者隴西公

試鼓山寺僧惠新茶　明徐𤊹

偃卧山窗日正長老僧分贈茗盈筐燒殘竹火偏多味沸出松濤更覺香火候已周開鼎器病魔初伏有旗槍隔林况聽鶯聲好移向荼蘼架下嘗

鼓山茶　明鄧原岳

雨後新茶及早收山泉石䃜試磁甌誰知屴崱峰頭產勝却天池與虎丘

御茶園　　明徐𤊹

先代茶園有故基喊山臺廢幾何時東風處處
旗槍緑過客披蓁讀斷碑

武夷采茶詞

結屋編茅數百家各携妻子住烟霞一年生計
無他事老穉相隨盡種茶
荷鍤開山當力田旗槍新長緑芊綿總縁地屬
仙人管不向官家納稅錢
萬壑輕雷乍發聲山中風景近清明筠籠竹筥

相攜去亂採雲芽趂雨晴

竹火風爐煮石鐺茏甆碟碗注寒漿啜來習習

涼風起不數松蘿顧渚香

荒榛宿莽帶雲鋤岩後岩前選奧區無力種田

來時茗官家何事亦徵租

山勢高低地不齊開園須擇帶沙泥要知風味

何方美陷石堂前鼓子西

丘文舉寄金井坑茶用蘇子由煎茶韻荅

謝

連旬梅雨苦不堪酷思奇茗餮香甘武夷地仙
素習我嗜茶有癖深能諳建溪盈盈隔一水翡
葉封緘得真味三十六峰岩嶂高身親採摘寧
辭勞上品旗槍誰復有未及烹嘗香滿口我生
不識逃醉鄉煮泉却疾如神方銅鐺響雪爐掣
電尾颼浮出琉璃光窓前檢點清異錄斟酌十
六仙芽湯

閔道人寄武夷茶與曹能始烹試有作

幔亭仙侶寄真茶緘得先春粟粒芽信手開封

非白絹籠頭煎喫是烏紗秋風破屋盧仝宅夜月寒泉陸羽家野鶴避烟驚不定滿庭飄落古松花

試武夷新茶作建除體貽在杭

建溪粟粒芽通靈且氛馥除去竈上塵活火烹苦竹滿注清冷泉旗槍鬥中熟平生羨玉川雅志慕王肅定知茗飲易更愛七碗速執扇熾燃炭童子供不足破屋烟靄青古鐺香色綠危磴相對坐共啜一盃數斛成筥酌未盡蕭然豁心目

收拾盂盌具送客下山麓開襟納凉飈林深失炎燠閉門推枕眠一夢到晴旭

在杭喬卿諸君見過試武夷鼓山支提太姥清源諸茶分賦

北苑清源紫筍香長溪屴崱盛旗槍洞天道士分筠筥福地名僧贈納囊蟹眼煮泉相續汲龍團别品不停嘗盡傾雲液清神骨猶勝酕醄入醉鄉

試武夷茶　明佘渾然

百艸未排動靈芽先吐芬旗槍衝雨出品鬪見春分采處香連霧烹時秀結雲野臣雖不貢一啜敢忘君

試武夷茶　明閔齡

啜罷靈芽第一春伐毛洗髓見元神從今澆破人間夢名列丹臺侍玉晨

鼓山采茶曲　明謝肇淛

半山別路出茶園雞犬桑麻自一村石屋竹樓三百口行人錯認武陵源

布穀春山處處聞雷聲二月過春分閩南氣候
由來早采盡靈源一片雲
郎采新茶去未迴妻兒相伴戸長開深林夜半
無驚怕曾請禪師伏虎來
緊炒寛烘次第殊葉粗如桂嫩如珠癡兒不識
人生事環遶薰牀弄稚雛
雨前初出半巖香十萬人家未敢嘗一自尚方
停進貢年年先納縣官堂
兩角斜封翠欲浮蘭風吹動綠雲鈎乳泉未瀉

香先到不數松蘿與虎丘

雨後集徐與公汧竹齋烹武夷太姥支提

鼓山清源諸茗各賦

踈篁過雨午陰濃添得旗槍翠幾重稚子分番
誇茗戰主人次第啓囊封五峯雲向杯中瀉百
和香應舌上逢畢竟品題誰第一喊泉亭畔綠
芙蓉

候湯初沸瀉蘭芬先試清源一片雲石鼓水簾
香不定龍墩鶴領色難分春雷聲動同時採晴

雪濤飛幾處聞佳味閩南收拾盡松蘿顧渚總
輸君

茶洞

折筍峯西接水鄉平沙十里綠雲香如今已屬
平泉業採得旗槍未敢嘗
草屋編茅竹結亭薰床瓦竈黑磁瓶山中一夜
清明雨收却先春一片青

芝山日新上人自長溪歸惠太姥霍童二
茗賦謝四首

三十二峰高揷天石壇丹竈霍林烟春深夜半
茗新發僧在懸崖雷雨邊
錫杖斜挑雲半肩開籠五色起秋烟芝山寺裏
多塵土須取龍腰第一泉
白絹斜封各品題嫩知太姥大支提沙彌剥啄
客驚起兩陣香風撲馬蹄
瓦兜生濤火候諳旗槍傾出綠仍甘蒙山路斷
松蘿遠風味如今屬建南

夏日過與公綠玉齋啜新茗同賦建除體

建州甆甌浮新茗除盡煩憂夢初醒滿園枯竹根槎枒平頭小奴支石鼎定知此味勝河朔執杯勸君須飽酌破屋依山帶遠鐘危峰吐雲來虛閣成都不數緑昌明妝却春雷第一聲開口大笑各歸去閑門卧聽松風生

邢子愿惠蜀茗至東郡賦謝

一角緑昌明知君寄遠情香分雪嶺秀色奪錦江清松火山僮構甆甌侍女擎只愁風土惡何處覓中泠

武夷試茶　明陳勳

歸客及春遊九溪泛靈槎青峰度香靄曲曲隨桃花東風發仙莽小雨滋初芽采掇不盈襜步屧窮幽遐淪之松澗水泠然漱其華坐超五濁界飄舉凌雲霞仙經閟大藥洞壑迷丹砂聊持此奇草歸向幽人誇

武夷試茶因懷在杭　明江左玄

新采旗槍踏亂山茶烟青繞萬松關香浮雨後金坑品色奪峰前玉女顏仙露分來和月煮塵

愁消盡與雲閒獨深天際真人想不共斷杯水
石間

山中烹茶

東風昨夜放旗槍帶露和雲摘滿筐瓢汲石泉
烹活水鼎中晴沸雪濤香

雨中集徐興公汗竹齋烹武夷太姥支提
鼓山清源諸茗　明周千秋

乍聽涼雨入踈櫺亭畔簫簫萬竹青掃葉呼童
燃石鼎開函隨地品茶經靈芽次第浮雲液玉

乳更番注瓦甁咲殺盧仝徒七碗風囬几簟夢初醒

江仲譽寄武夷茶　明鄭邦霑

龍團九曲古來聞瑶草臨波翠不分一點寒烟松際出却疑三十六峰雲

春來欲作獨醒人自汲寒泉煮茗新滿飲清風生兩腋盧仝應笑是前身

清明試茶　明費元禄

空林祏火動新烟試煑金沙石竇泉瀹處風生

蒙嶺外戰來雲落幔亭巔蒼頭詎可奄稱酪博士何勞更給錢春暮倍愁花鳥困不妨頻傍茗爐煎

詞類

阮郎歸　宋黃庭堅

摘山初製小龍團色和春味全碾聲初斷夜將闌烹時鶴避煙　消滯思解塵煩金甌雪浪翻只愁啜罷水流天餘清攪夜眠

黔中桃李可尋芳摘茶人自忙月團團兩銙鬭圓

方研膏入焙香　青箬裹絳紗囊品高聞外江
酒闌傳盌舞紅裳都濡春味長都濡地名

西江月

龍焙頭綱春早谷簾第一泉香已醺浮蟻嫩鵝
黃想見翻匙雪浪　兔褐金絲寶盌松風蟹眼
新湯無因更發次公狂甘露來從僊掌

品令

鳳舞團團餅恨分破教孤令金渠體淨隻輪慢
碾玉塵光瑩湯響松風早減了二分酒病　味

濃香永醉鄉路成佳境恰如燈下故人萬里歸來對影口不能言心下快活自省

看花廻

夜永蘭堂醺飲半倚頹玉爛熳墜鈿墮履是醉時風景花暗燭殘懽意未闌舞燕歌珠成斷續催茗飲旋煮寒泉露井缾竇響飛瀑　纖指緩連環動觸漸泛起滿甌銀粟香引春風在手似粵嶺閩溪初采盈掬暗想當時探春連雲尋篁竹怎歸得鬢將老付與甌中綠

浪淘沙二首 茶園即景　明陳仲溱

絕壁翠苔封峭崩危峰半山雲氣織芙蓉怪鳥啼春聲不斷躑躅花紅　茅屋掛蘢蓯十里青松茶園深處在孤筇知得清明今欲到茗綠東風

鳥道界岩嶢日燰烟消鷓鴣啼過蹴鼇橋望到海門山斷處練束春潮　收拾舊茶寮筐筥輕挑旗槍新采白雲苗竹火焙來聊一歃仙路非遥

卷之二終

茶事詠 有引

古今澆壘塊者圖書外惟茶酒二客酒養浩然之氣而茶使人之意也消功正未分勝劣天津造樓顧渚置園玄領所寄各有孤詣酒和中取勁勁氣類俠茶香中取淡淡心類隱酒如春雲龍日草木宿悴都化愷容茶如晴雪飲月山水新光頓失塵貌醉鄉道廣人得狎遊而茗格高寒頗以風裁禦物譬則夷惠清和山嵇通簡雖隔代而與絕交有激繼踵

均足標聖把臂何妨入林矣莊生有云時爲帝者也西方以醍醐代麯蘖避酒如仇獨於茶無迕豈非御時輪抽教崙塵夢方酣則飲醇難救熱中欲解則濯冷倍宜所以華彼爛腸薦茲苦口乎僕野人也雅沐溫風終存介性病眼數月山居泬寥不能効蘇子美讀漢書以手酒爲率惟一與茶客酒旋旣專且久振爽滌煩間有會心便覺陸季疵輩去人不遠銜口而發隨命筆吏得小詩若而首前人

所述其品其法其事今俱畧焉至神情離合
之際蓋有味乎言之裁編次於短韻括揚攉
於微吟雖核悪董孤而契追鮑子矣必曰樹
茗幟以囚酒星焚醉日則不平謂何夫阮步
兵之達也陶徵士之高也皆前與麴生莫逆
僕素交亦復不淺豈可判疎親於鴻濛立輸
墨於爭土使僊釀讓其隣耒靈草畏其易京
戕曠暌者思習晤者篤感獨醒之悠邈嘉靜
對之綢繆賞歎兼深物候偏合故籟亦專鳴

焉酒德之頌以俟他日

春林過雨淨春鳥帶雲來夢餘茶火熟一酌山
花開

雨前搶頴抽石鋝星珠寓何處試芽泉露井桃
花下

病去醉鄉隔閒來茶苑行持杯猶未飲黃鳥一
聲鳴

滌器傍松林風鐺作人語微飂相獻酬閙聲已
無暑

山月正依人鑪聲初戰茗幽谷淡微雲靉靉松

風冷

霜餅餉雷莢露盌潑雲腴人愛蒼苔上吾憐碧

茈敷

照面素濤起真風入肺清世間何物擬秋色動

金莖

露下水雲清疎林如墮髮試茗石泉邊一甌醮

秋月

泉鳴細雨來風靜孤煙直遥看林氣青知有卧

雲客

雪是穀之精卻與茶同調洗餅花片來茶色欣然笑

泉山憶雪逕得雪茶神足無雪使茶孤不孤賴有竹

漸冷香消篆無絃月照琴聲希味亦淡此客是知音

寒巖隱奇品何必遠山英耳食千金子𠹭茶唯噉名

沆瀣滴生根月神與雲魄是故日山巔往往得

佳客

妝芽必礿火非為鬬奇新縕藉一年力神全在

蠶春

海印湧珠泉在山巳蠏眼依然雲石風頓使茶

鄉遠 余鄉浯嶼海印巖頂有蠏眼泉風味在慧山以上

泉品競毫釐戰茶堪次第慙愧山中人調符供

水遞 偶海每月致蠏眼泉數瓿

煎水不煎茶水高發茶味大都餅杓間要有山

林氣

茶雖水策勳火候貴精討焙取熟中生烹爊稱

與老

白石含雲潤丹砂出火凝今時無石鼎托客覔

宜興

柴桑托於酒臨酌忽忘天而我亦如是玄心照

茗泉

酒德乏然親茶風必擇友所以湯社事須經我

輩手

酒韻美如蘭茶神清如竹花外有真香終推此
君獨
焦革何人者範金配杜康茶鄉有湯沐桑苧自
蒸嘗
營糟築樂邦轉與睡鄉際忽到茗甌中別開一
天地
茶品在塵外何須人出塵茫茫塵眼醉誰是啜
茶人
宋法盛龍團探春歸　聖主清風灑九州天韻

高千古
團餅乳花巧卷芽雲氣深將芽來作餅隱士耀
朝簪
馬國厭腥羶酪奴空見辱將茶作主人呼奴不
到酪
僊掌露乾後文園賦渴餘當時無一盞乞與病
相如
湯沸寫甌香裛花蕪飣果肉瀹虎跑泉此事君
豈可

世氣損靈骨何物伐延年吾是烟霞癖君稱草木僊

賓來手自潑入口美孤絕自是韻相同非關精水法

好友蘭言密奇書玄義析此意不能傳茶甌各以默

瀲酣驅睡魔衆好非真賞徵啜御風行泠泠天際想

攄悟徵詠際隱几坐忘時真味超甘苦陶王韋

茶集　卷三

孟詩

温陵蔡復一

茶集卷之三

附烹茶圖集

山芽落磑風回雪曾為尚書破睡來勿以姬姜棄顦顇逢時瓦釜亦鳴雷

風爐小鼎不須催魚眼長隨蟹眼來深注寒泉收第一亦防枵腹爆乾雷

吳趨唐寅書

分得春芽穀雨前碧雲開裏帶芳鮮瓦瓶新汲三泉水紗帽籠頭手自煎

小院風清橘吐花墻陰微轉日斜斜午眠新覺

詩無味閒倚欄干嗽苦茶

長洲文徵明

桐陰竹色領閒人長日烟霞傲角巾煮茗汲泉
松子落不知門外有風塵

坐來石濕水雲清何事空山有獨醒滿地落花
人跡少閉門終日註茶經

吳興莊懋循

萬曆癸卯伏日過同年喻職方正之齋中出所
藏唐伯虎畫陸羽烹茶圖韻遠景閒澹爽有致

時煩暑鬱蒸颯然入清涼之境界自昔評茶山之產水之味器之宜焙碾之法好事者無不極意所至然俗韻清賞時有乖合乃高人不呈一物而能以妙理寄於吹雲潑乳之中大都其地宜深山流泉紙窻竹屋其時宜雪霽雨宜亭午丙夜其侶宜蒼松怪石山僧逸民伯虎此圖可謂有其意矣余素負草癖而介然茗柯嘗謂讀書之暇茶烟一縷眞快人意而亦不欲以口腹累人吾鄉獻原雲霧品味殊勝間一試之大似

無弦琴直鉤釣也有同此好者約法三章勿談
世事勿雜腥穢勿溷通客正之素心玄尚眉宇
間有烟霞氣與余品茶每有折衷余謂不能遍
嘗名山之茶要得茶之三昧而已

李光祖繩伯父書

一人品煎茶非湯浪要須其人與茶品相得故
其法每傳於高流隱逸有雲霞泉石磊塊胸次
間者

二品泉以山水爲上次江水井水次之井取汲

多者汲多則水活然須旋汲旋烹汲久宿貯者
味減鮮冽
三烹點煎用活火候湯眼鱗鱗起沫餑鼓泛投
茗器中初入湯少許俟湯茗相投即滿注雲腳
漸開乳花浮面則味全蓋古茶用團餅碾屑味
易出葉茶驟則乏味過熟則味昏底滯
四嘗茶茶入口先灌漱須徐啜俟甘津潮舌則
得眞味雜他果則香味俱奪
五茶候凉臺靜室明牕曲几僧寮道院松風竹

月宴坐行吟清譚把卷
六茶侶翰卿墨客緇流羽士逸老散人或軒冕
之徒超軼世味
七茶勳除煩雪滯滌醒破睡譚渴書倦是時茗
椀策勳不減凌烟
正醉思茶而正之年兄携所得伯虎卷至坐
間偶檢華亭陸宗伯七類錄以呈之述而不
作信而好古何必爲蛇足哉余方謫官候命
而正之儼然天風海濤長矣異日坐我百尺

庭下而一留茶安知此蛇足者遽不化爲龍團也耶

山陰王思任

山僮晚起挂荷衣芳草閒門半掩扉滿地松花春雨裏茶烟一縷鶴驚飛

尨鼎斜支旁藥欄松窓白日翠濤寒世間俗骨應難換此是雲腴九轉丹

吾嘗笑綦毋旻之論茶曰釋滯消壅一日之利暫佳瘠氣耗精終身之害斯大嗟嗟人不

飲茶終日昏昏於大酒肥肉之場卽腯若太牢壽逾彭聃將安用之况陸羽盧仝未聞短命東都茶僧年越百歲其功未常不敵參苓也喻正之先生酷有酪奴之耆動携此卷自隨雖眞贋未可知而其意超流俗遠矣先生時新拜

命守吾郡郡有鼓山靈源洞綠雲香乳甲於江南公事磬折之暇命侍兒擎建瓷一甌啜之不覺兩腋習習清風生耳

晉安謝肇淛

三山太守正之喻先生豫章人豪也余不佞承乏建州倅閒獲追隨杖屨辱不鄙夷偶出示唐伯虎烹茶圖圖顧渚山中陸羽也羽耻一物不盡其妙伯虎亦耻妙不盡其圖正之因圖見伯虎因伯虎而得羽之味茶也自以為可貴如此客曰是不過助韻人逸士之傳玩爾以為茶香甘辣乎圖也釋憤悶乎解醒乎漱滌消縮胱去膩乎圖也曰否否夫飲酒者一飲一石此不知

酒者也飲茶者飲至七椀則亦不得夫有形之飲不過滿腹傳玩之味淡而幽永而適忘焉仙也怡焉清也無輕汗亦無枯腸無孤悶亦無喉吻安知風吹不斷白花之妙不浮光凝滿圖乎夫正之固亦醉翁意耳志不在荈我知之矣正之開朗坦洞略無城府不言而飲人以和可醉可醒可寐可覺可歌可和余以是謂正之善飲茶也是真善飲者矣南山有嘉木焉其名爲檟爲蔎爲荈春風啜焉正之卽不以其所啜易其

所不必啜於遊有獨曠焉故乎登以尺上之尋
而湛湛釋滯消壅如陸羽者乎陸羽以啜茶盡
妙正之以不啜茶盡妙陸羽以圖見正之正之
以無圖收陸羽若正之者殆翩翩然僊也客嗒
然曰有味哉吾子之言之也以告正之正之洒
然頷之庸作詩曰顧渚有嘉卉圖吳設未嘗非
關饑與渴那得蔕如香逸士供清賞高人觸味
長逍遙天際外賓至嬾撥腸

金沙于玉德潤父跋

尾鐺松火短筠鑪縹沫輕浮蟹眼珠不獨冰絃能解慍任他谷鳥喚提壺九難著論才知陸七椀通靈獨羨盧但取清閒消案牘衙齋堪比臥浮圖

閔有功

茗飲之尚從來遠矣乃世獨稱陸羽盧仝豈獨其品藻之精烹啜之宜抑亦其清爽雅適之致與眞常虛靜之旨有所契合耶故意之所向不着於物不留於情不徒爲嗜好之癖乃足尚耳

使君喻正之先生於物理無不精研復有味於陸山人之茶經一日出事茶圖一卷示余其意遠而超其致閑而適時郡齋新緻光儀堂對坐其中瓷甌各在手余謂伯虎所寫雖真贋未分却是使君寔際妙理使君繕性經世之術所謂適于一身與奏功于斯世實於此君得三昧焉使君復不私其圖指堂之東西壁間欣然曰是不可刻石摹真圖以寄此意耶則茲卷亍又當爲行卷以傳矣鴻漸伯虎地下有知當爲吐氣

清湘文尚賓

使君清興在永壺茗戰猷堪入画圖自見長孺帷卧治何妨陸羽屬吾徒焙分雀舌晴含霧鐺煮龍腰晝迸珠鎮日下官無水厄幾廻嘗啜俗懷驅

呉興呉汝器

石闌瓦釜博山鑪卧閣香清展畫圖採得龍團雲並綠噴來蟹眼雪為珠能消五濁凌仙界坐令私懷擊唾壺家落衙齋無底事願從破睡一

相呼

嶺南古時學

庚戌除日喻正之使君與余翛然相對甚快也向曾語余以烹茶圖因出見示余不佞忝使君忘分之交汙不至阿其所好便謂此圖有遠體而無遠神以爲伯虎眞筆不敢聞命使君笑曰吾豈爲圖辨眞贋哉吾以寄吾趣耳昔人彈無絃琴自稱醉翁而意固不在酒刻舟求劍達人必不然且天下事無大小凡外執而成癖者皆

中距而爲障者也障則掺懔而含悲世必有窮
吾癖者即如陸鴻漸著茶經非不明晳後更有
毀茶論儻亦其稍稍癖也自貽伊戚耳余聞其
言知使君精禪理焉余觀宦省會者大吏而下
拜跪五之簿書三之應酬二之每皇皇苦不足
而使君栩栩若有餘本蕭然出塵之韻運其劃
然立解之才以禪事作吏事所從來遠矣歐陽
公方立朝自稱六一居士夫心有所着即纖毫
累也心無所着即目前何不可寄吾趣而何拘

拘于六也余不佞請因烹茶圖而益廣傳寄之
使君其以爲然否

西陵周之夫

喜得驚雷莢聊支折腳鐺頓搴青桂爨旋汲玉
泉烹擘觸霞紋碎斟翻雪乳生避烟雙白鶴歸
夢不勝清
誰擅清齋賞題來烹茗圖香宜蘭作友味叱酪
爲奴竹月晴窺碾松風夜拂爐相如方肺渴披
對病應蘇

江大鯤

閩風之巔產靈芽移來海上傴人家松濤瑟瑟
瓦鼎沸清烟一道淩紫霞
冰肌幾歷㵐眉雪筠籠猶生顧渚雲一白香風
廻郡閣龍團小品總輸君

喻使君品高山斗清暎冰壺大雅玄度望之
爲神仙中人入含雞舌出分虎符方高譚雲
臺之業而居恒賞此圖何哉盖亮節遠識獨
空獨醒超然紅塵世氛之表而寄趣於綠雲

香乳間也意念深矣

川南郭繼芳

蘇長公云寓意於物雖微物足以爲適茗飲之適在世間鮮肥醲釅之外豈徒旨於味哉陸山人經可謂體物精研然他日又爲毀茶論何也將無猶涉伎倆有時而不自適歟今吳越間人沿其風尚往往淨几名香品嘗細啜豈必盡關妙理正之君侯玉壺冰心迥出塵表雖廊廟鐘鼎之間迢迢有天際真人想其愛此圖蓋以寓

其澹泊蕭遠之意真得此中三昧非必綠雲香乳習習風生而後爲適也不敏作如是觀以諗在杭水部當爲解頤耳

晉安陳　勳

題唐伯虎烹茶圖爲喻使君正之賦

太守風流嗜酪奴行春常帶煮茶圖圖中傲吏依稀似紗帽籠頭對竹罏

靈源洞口採旗槍五馬來乘穀雨嘗從此端明茶譜上又添新品綠雲香

伏龍十里盡香風正近吾家別墅東他日干旄能見訪休將水厄笑王濛

辛亥十一月長至日王穉登

魚眼波騰活火紅髯絲輕颺煮茶風紗巾短褐無人識此是苕溪桑苧翁

清風長繞竟陵山千載茶神去不還盌獨範形煬突上更留圖像在人間

穀雨才過紫筍新竹爐香裊月團春鴈橋古井生秋草無復當年茗戰人

東園先生無姓名品茶常汲石泉清羽衣挈具
真奇事俗殺江南李季卿

東海徐𤊹

吳趨伯虎工臨摹傳來陸羽烹茶圖桐陰匝地
松影亂呼童餉客燃風爐一縷清烟透書幌
鼎晴𪗾雪濤響生平清嗜幾人知千古高風誰
與兩使君論治比淮陽退食時烹紫筍香朝向
堂前憑畫軾暮從花下試旗槍涼臺淨室明牕
几披圖時對東園子清脩不識漢麗奈爲郡數

年唯飲水

建溪門人江左玄

夫子氷爲操庭閒日試茶芽盌殊玉壘泉不讓金沙火活騰波候雲飛遶盌花品嘗重註譜清味遍幽遐

三山門人鄭邦霑

亨茶圖

八

跋

余所藏事茶圖賞鑒家多以為伯虎真蹟言之娓娓而余未能深解其所以然昔人問王子敬云君書何如君家尊荅曰固當不同既又云外人那得知夫評書畫者既已未深知矣即三人占從二人之言其諧曰不可圖之後舊附有贊説數首來守福州稍葺之一時寅僚多雋才促吏余刻之石甚力余遂巡謝已而思之余性孤僻寡交游即如曩者盤桓金臺白下亦復許時

而曾不能廣謁名流博求篇詠以侈大吾圖而
彰明吾好則負負八守其儁語矜慎不傳而自娛
於笥中之珍也無啻託寒山之片石而使觀者
謂溫子昇可與共語耶嘻余實非風流太守而
謬負茶癖以有此舉也後之君子未必無同然
焉抑或謂三山之長未能貞珉功令懸之國門
而爲此不急之務不佞亦無所置對知我罪我
其惟此烹茶圖乎 時三十九年季冬南昌喻政
書于三山之光儀堂

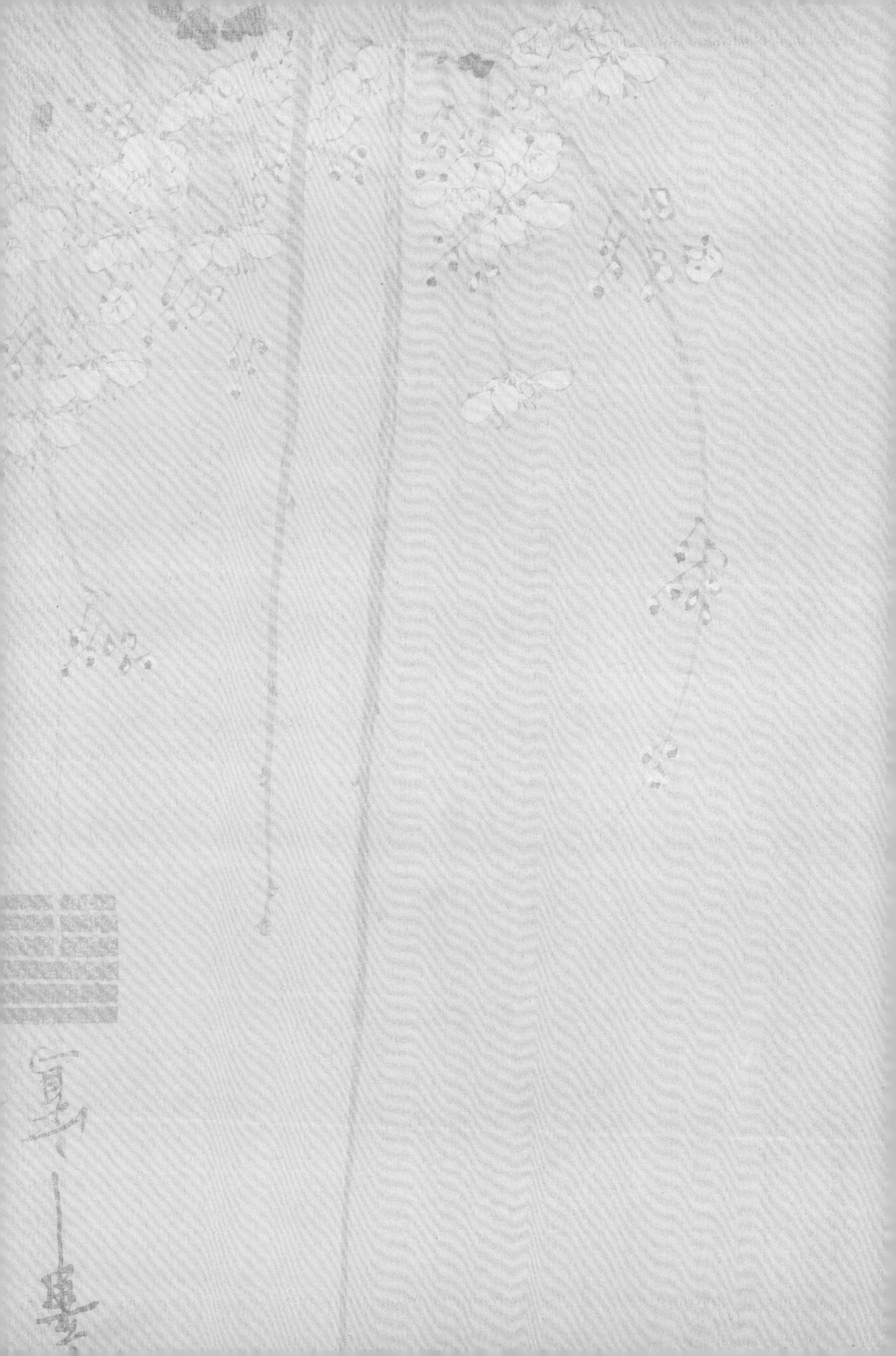